銷售戲精

徐書俊 著

面對滿口幹話的奧客
業務內心小劇場大爆發

業務能力的好壞，決定一間公司的成敗！
社會是現實的，真正做出成績的人才有資格說話！

目錄

內容簡介

前言

第一章 絕對成交的銷售信念

成功銷售三要件……14
「一定要成功」的銷售信念……16
成功銷售關鍵在個性……17
過人的自信與決心……19
心態左右銷售的成功……20
培養正向的銷售心態……22
不做半途而廢的銷售員……25
坦然面對別人的嘲笑……26
不要輕言放棄……28
堅持到底就是勝利……29
甩掉包袱輕裝上陣……31
做一個專業的銷售員……32

目錄

第二章 贏得成交的銷售理念
看不見的敵人才是最可怕的……34
別讓你的「資料」成為「死料」……35
把一天的時間當做兩天用……37
將理論與實際結合起來……38
從「賣」到「賺」的策略……39
不斷壯大自己的客戶群……41
真心實意的關懷自己的客戶……42
不要使用拙劣的銷售手段……43
不要表現出焦慮的神情……44
付出與收穫成正比……45
嘗試改變你自己……46
在變化中謀求發展……48
讓客戶感受到被服務的快樂……49

第三章 做好成交前的鋪墊工作
銷售員應該著裝得體……51
不一定非要西裝革履……52
與客戶近距離接觸……53
有效溝通的技巧……54
讀懂客戶的心理……55
識別銷售的三要件……57
銷售員必備的「三愛」……58
金錢不是萬能的……60
了解自身的缺點……61
打造你的個人魅力……63

第四章　發現自己的成交客戶

做一個大師級的探尋者……65
尋找潛在的客戶……66
乘車時不忘收集相關資訊……67
全力以赴，四處留心……69
利用公司的資料尋找客戶……70
透過查閱相關資料尋找客戶……72
透過外部資源尋找客戶……73
透過市場諮詢尋找客戶……74
透過相關講座尋找客戶……76
透過廣告媒介尋找客戶……78
透過留心觀察尋找客戶……79
尋找有影響力的人物……81
利用客戶連鎖反應……82

第五章　接近自己的成交客戶

做好接近客戶的準備……84
對客戶自我介紹……86
以客戶利益為突破口……88
利用聊天拉近與客戶間的距離……89
學習並掌握接近客戶的技巧……90
當好客戶的傾訴對象……93
積極採納客戶的意見……95
贏得客戶的信任……96
抓住客戶的競爭心理……98
注意強調購買的最佳時機……100
透過他人介紹法接近客戶……101
透過利益接近法接近客戶……102

目錄

透過讚美接近法接近客戶……104
透過好奇接近法接近客戶……106

第六章 發掘客戶需求促使成交

銷售是百分之九十八對客戶的了解……111
「銷售之神」的教訓……113
具備敏銳的判斷力……115
準確定位客戶的心態……117
收集客戶需求的相關資料……118
對客戶的了解越全面越好……120
準確洞悉客戶的購買動機……122

第七章 使成交前的初次訪問獲得成功

使用當面約見法……145
使用電話約見法……147
使用信函約見法……147

透過問題接近法接近客戶……107
透過震驚接近法接近客戶……109
如何破譯客戶的購買心理……124
挖掘客戶的潛在需求……127
預測客戶的未來需求……129
為客戶需要的產品增值……131
創造出客戶的需求……134
對不同客戶採用不同的銷售策略……136
善於「曲線銷售」法……142
使用委託約見法……149
發自肺腑的讚美客戶……150
讓客戶覺得自己是個重要人物……152

初訪中適當展現你的幽默……153
不要有第一次的逃避……155
懂得「望、聞、問、切」……156
一定要準時赴約……158
掌握遞名片的方法……159
接受名片有講究……161
讓客戶留下深刻的印象……162
巧妙看穿客戶的腰包……164
如何識別關鍵人物……165
利用等候時間收集資訊……166
情論重於理論……168
AIDMA 銷售法則……169
與自己的潛意識鬥爭……171
不給對方說「不」的機會……172
起坐與客戶保持平等……174
為第二次訪問創造機會……175

第八章 使成交前的再訪獲得成功

為再訪做好準備……178
再訪的關鍵點……180
巧妙使用問候函……183
如何應對難纏的客戶……184
直接再訪的必要性……186
禮輕意重情也真……187
一定要記住客戶的姓名……188
不要遮掩商品的缺點……189
把上座讓給客戶……191
警惕客戶有牴觸心理的坐法……192

目錄

「標新立異」見奇效 194
值得推崇的服務祕訣 195

第九章 成交從客戶的拒絕開始
銷售是從拒絕開始的 202
怎樣應對客戶的拒絕 204
不要害怕客戶的拒絕 205
以退為進應對拒絕 207
透過小故事說服客戶 209

第十章 在商談中巧妙成交
把握好談判的原則 220
懂得駕馭談判進程 223
在談判中搶占上風 226
正確處理談判中的異議 228

不要忘了辭別時的禮節 197
和你的客戶共同用餐 198
送禮給客戶也是一門藝術 199

透過舉例子說服客戶 211
透過問題來說服客戶 213
抓住客戶的懼怕心理 215
善於運用人際關係 216
不要替自己留後路 218

處理異議應當遵循的原則 231
談判過程要慎言 232
別讓客戶因為花錢而心疼 234
讓客戶記住商品的優點 235

針對客戶的本性開展工作……236
巧用交際手腕……238
借助上級主管的威望……239
成交前後的注意事項……241
善於捕捉成交信號……243
小心謹慎促使成交……245
樹立正確的成交態度……247
充分留有成交餘地……249

第十一章 成交之後的延續工作

做好售後服務工作……250
成交並不意味著銷售的終結……252
想客戶之所想……254
提供優質的售後服務……257
客戶的利益是你行動的指南……258
與客戶保持長期的聯絡……260
讓客戶幫你銷售……262
巧妙化解與客戶間的矛盾……263
正確處理客戶的抱怨……265
對客戶進行必要的追蹤服務……267

第十二章 走上成功的銷售之路

優秀銷售員十大原則……271
原一平的三十一條銷售要旨……275
銷售與智商高低無關……277
銷售員沒有目標最可怕……278
在細節中表現出你的不平凡……279
做好自己勝任的工作……281

為成功銷售打好基礎……282
銷售員要懂得修身養性……284
銷售員十大修養原則……285
養成爽朗幽默的個性……287
要懂得嚴格要求自己……288
優秀銷售員要懂得揚長避短……290
銷售員要具備現金意識……293
讓自己與客戶都感到滿意……294
懂得不斷提升自己……295
銷售工作就是人生……297

內容簡介

成交是每個銷售員的最終目的，實現成交是對銷售員努力工作的最好回報。如果在銷售中做不到成交，那麼銷售員在此之前付出的艱辛與努力就是無用之功。可見，成交對於任何一名銷售員來說有多麼重要。然而，身為一名銷售員，你也許有過這樣的困惑：為什麼銷售同樣的商品，成績卻有天壤之別？答案其實很簡單：要想在你每一次銷售過程中都做到成交，僅有強烈的願望是不夠的，還需要掌握相應的技術和技巧，並將其合理運用。

本書濃縮了眾多優秀銷售員的智慧結晶，教你如何將自己培養成一個成功的銷售員，讓自己在銷售中保證絕對成交。本書依照順序對讀者展現多方面的銷售祕訣，並貫以豐富實例、名言警句和生動比喻，將哲理寓於文學之中，使讀者讀來輕鬆，似服甜口良藥。本書將助你在銷售行業中輕鬆成交，並邁向成功銷售之道。

前言

成交是每個銷售員的最終目的，實現成交是對銷售員努力工作的最好回報。如果在銷售中做不到成交，那麼銷售員在此之前付出的艱辛與努力就是無用之功。可見，成交對於任何一名銷售員來說有多麼重要。然而，身為一名銷售員，你也許有過這樣的困惑：為什麼銷售同樣的商品，成績卻有天壤之別？答案其實很簡單：要想在你每一次銷售過程中都做到成交，僅有強烈的願望是不夠的，還需要掌握相應的技術和技巧，並將其合理運用。

世界上每一個人無疑都是「銷售員」，在銷售產品、服務或者自身。情侶間撒嬌，是把「我喜歡你」的訊息「銷售」給另一半，以贏得對方的好感；嬰兒啼哭，是把「飢餓」的感覺「銷售」給母親，以得到乳汁，不管是哪一種銷售員，只要達到了成交的目的，那麼他就是優秀的銷售員。

據統計，八成以上的富翁都做過銷售員工作！因此，每個人其實都在進行一定的「銷售」，無論你是政治家、藝術家、哲學家還是普通百姓，更無論是公司職員或者商人，都需要「銷售有術」，銷售術幫助我們在各個領域裡不斷發展。

「銷售」能力是左右一個人一生成敗的主要因素之一，換言之，善於銷售者必成大器，不善銷售者徒遭挫折。任何人基於生活或工作的需要，都要不斷把自己銷售給親友或同事，爭取友誼或事業上的合作。

從事銷售行業的人，往往是最優秀的商業人才。在這一領域中開拓的人，大都富於進取精神，他們擁有夢想，追求成功，他們精於謀略，在紛繁複雜的現代社會中遊刃有餘。他們的輝煌業績、他們贏得的財富，著實令人羨慕。

銷售能磨練一個人的成功意志，讓你獲得寶貴的商務經驗和經商才幹。銷售工作可以提升你的綜合素養和能力，磨練你的自我駕馭能力、判斷事物能力、與人相處溝通的能力、靈活應變的能力等等，它能夠培養和提供一個在商業社會成功所必備的商務知識、經驗、技巧和謀略。而這一切是追求商場成功的最可靠的資本，具備了這些資本，你不成功誰成功！

如今，不斷發展的經濟為銷售員造就了許多成功的機會，但殘酷的現實也淹沒了一批本領欠缺的淘金者，因此，培養正確的銷售理念、掌握出色的銷售技能，是銷售員保證絕對成交的必經之路。

身為一名銷售員，你是否有過在銷售過程中毫無目標或者不知從何下手，甚至不知怎樣處理才好的時候？你是否試圖在銷售過程中加倍努力，卻往往與成交無緣？常言道，成功的思想會衍生出成功的行為，而當你沒有明確的目標時，你就是一隻迷途的「羔羊」。

沒有成交，談何銷售？成交是銷售的終極目的，也是企業生存的命脈。在銷售活動中，永遠都只有兩個真理：第一，賣出去；第二，賣上價。本書圍繞「成交」這一概念，透過實戰技巧和相關案例，對如何成交進行了詳盡的闡述。其目的就在於幫助銷售人員切實練好基本功，拒絕失敗的藉口，真正做到用業績說話，同時也有效解決企業中普遍存在的「成交難」的問題。本書方法重於理論，易教、易學、易複製。實戰、有效、會做——成交才是真理！

本書濃縮了眾多優秀銷售員的智慧結晶，教你如何將自己培養成一個成功的銷售員，讓自己在銷售中保證絕對成交。本書依照順序對讀者展現多方面的銷售祕訣，並貫以豐富實例、名言警句和生動比喻，將哲理寓於文學之中，使讀者讀來輕鬆，似服甜口良藥。本書將助你在銷售行業中輕鬆成交，並邁向成功銷售之道。

第一章 絕對成交的銷售信念

要怎樣才能做到絕對成交，從而獲得銷售的成功？要怎樣做才能成為一名成功的銷售員？大家都祈盼著能有一個速成的銷售祕方，祕方在哪裡呢？祕方在每個銷售員的心中。就如同任何一個想獲得成功的人一樣，他們的內心都存在著一個堅定不移的信念，這種信念讓他克服橫擋在前面的障礙、困難，這個信念讓他勝過其他對手。

成功銷售三要件

野間清治曾經說過，人生成功的必要條件有三。即：

工作上的磨練——從經驗中學習。

做人上的磨練——向他人學習。

書本上的磨練——向書中學習。

一位銷售員，若缺乏上述三要件，也就沒有成功可言。

第一章 絕對成交的銷售信念

成功銷售三要件

1、工作上的磨練

人們總喜歡炫耀自己的成功之處，而盡可能避免提及自己的失敗之處。但事實上失敗的經驗比成功的經驗更可貴。所以，失敗本身並不可悲，可悲的是不能從失敗中吸取教訓。

也許你有過種種工作上的失敗經驗吧？由於這些失敗都是在不同場合與各種性格、能力迥異的人接觸中而獲得的，比起那些坐辦公室的人，你的經驗要豐富得多。而且這些經驗是你親身所得，是你的前車之鑑，可能會為你帶來許多意想不到的收穫，還可能是通向成功的條條大道。

2、做人上的磨練

凡是成功的人一定有一個人際關係的寶庫。對銷售員來說，人際關係尤為重要。首先，當你登門銷售時能否道出對方的姓名，是銷售成功與否的重要因素。而這就要靠你的人際關係去獲得。其次，要想掌握銷售經驗和其他知識，除了自己親身經驗，便是要向他人學習。如何廣泛獲取情報、經驗和知識呢？便是廣結善緣；如何廣結善緣呢？必須謙虛為懷。滿招損，謙受益。驕傲自滿是自絕於他人。

3、書本上的磨練

自己與別人的經驗畢竟有限，書本是知識的結晶，它貫古通今、通南北。只要有一卷在手，千古以來的聖賢、萬里之外的名士都能和你促膝而談。英國哲學家培根說過：「知識就是力量。」人只能在自己的知識範圍內思考。知識越廣，認識的世界便越大，從而能應付的世界就越大。

銷售員在工作上和做人上磨練的機會很多。但書本上的磨練卻要有很大的毅力和耐心，這是因為銷售員整天奔波於銷售征途，毫無讀書的氛圍。正因此，許多人往往以太忙了、太累了為由，說沒有時間看書，其實時間是可以擠出來的，只是他們沒有「心」罷了。

「一定要成功」的銷售信念

銷售是一個困難重重的艱苦行業，在這樣一個行業中要想取得成功，強烈的成功欲望是必備的。可是，只有欲望還遠遠不夠，一定要讓自己的欲望非常強烈，強烈到「一定要」的地步。

當你真正下定決心「一定要」的時候，一切困難都會變得簡單起來。「想要」跟「一定要」是不一樣的，「想要」是沒有用的，當你「一定要」的時候，你才有成功的可能。

頂尖高手和一般人最大的差別就在於是「想要」還是「一定要」，世界上最頂尖的銷售員決定好的事都是非要不可，而一般人只是想要而已，這正是他們失敗的原因。

一九七七年，日本行銷女王柴田和子應邀到韓國去演講，竟然忘了取得簽證，結果滯留在羽田機場。諮詢結果是申請簽證至少得四天才能下來，最快也得花上兩天時間，那時候，演講早已結束了。於是，她跑到韓國總領事館門口等待總領事。當有人告訴她總領事出來時，她猛的衝到總領事的面前，拚命大喊：「拜托您！」領事館的警衛馬上圍上來，保護總領事，但她仍舊不死心的喊著：「請您聽我說。」終於，總領事讓她進入辦公室，柴田和子在辦公室傾全力說明：「我是受貴國邀請前往演講的，這是行程表，請過目。如果我沒去的話，日本就會失去信用了。」結果令人感到吃驚，簽證十分鐘就批下來了。

顯然，一般人在聽到申請簽證要花四天的時間時，恐怕就已經放棄了，但柴田和子想，既然已經接受了演講的邀請，就一定要負起責任，正是她這種堅定的信念，使她能夠順利實現韓國之行。

實際上，只有下定決心「一定要」的時候，我們的行動才會有強大的能動力，我們才會盡想一切辦法，運用一切可能、合法的手段去達到自己的目標，而這正是成功所必備的。

「想要」和「一定要」是不一樣的，很多事情看起來很困難，可是當你真正下定決心以後，它就會變得非常簡單。很多人時常把下決心掛在嘴邊隨便說說，他們都沒有把下決心當做一件嚴肅的事情。真正的決定是一種強烈的欲望——不成功絕不罷休的欲望，一定要做到成功為止，否則絕不放棄，這才是真正的下定決心。

當你決定從事銷售工作時，你是希望成功的，不管你這種「希望」是否很強烈，你都有過，這是事實。事實上，每一個銷售員都是如此。那為什麼最後很多銷售員不戰自退，其銷售生涯以失敗而告終呢？其中最重要也最根本的原因就是他們成功的欲望不夠強烈，他們只是「想要」而不是「一定要」，這使他們在行動上變得軟弱無力。最終會失敗也是必然的了。

一個優秀的銷售員應當將自己「一定要」成功的信念變成自己行動的座右銘，應當時刻銘記「一定要」成功的信念所能催生的龐大能量，將此思想融入自己的生活，促使自己更勇敢的前進。

成功銷售關鍵在個性

有的人生性活潑、個性爽朗，有的人剛毅木訥、個性靦腆。那麼，哪種人適合當銷售員呢？

銷售戲精

面對滿口幹話的奧客，業務內心小劇場大爆發

日常生活中，常聽到誇獎某人「風度翩翩」、「一看就像個銷售員」，意思便是「他是個道地的銷售員」或「夠資格的銷售員」，好像沒有這樣的風度或外表，就沒有資格當銷售員似的。

外表英俊自然討人喜歡。而對於剛從學校畢業的新人，就必須從不斷觀察和研究中習得待人接物的經驗。

柏宏剛從學校畢業就被一家公司錄取，周圍的人都這麼說：「你的外表就是你的本錢，畢業做生意給人的第一印象最重要，好的開始是成功的一半嘛！」

「你看起來很老練，將來一定出類拔萃，前途無量！」

就這樣，見到柏宏的人都用各種不同的話語讚美他，久而久之，連柏宏自己也飄飄然自負起來，且居之不疑了。

這種人大都是性格外向的人，能言善道，樂於助人，容易親近，到哪都是注目的焦點，他自己也努力表現得活潑開朗，善於應酬，給人良好的第一印象。

的確，這種人當銷售員的能力一定比較強，成績也可能比較好，可是這種人往往有一個致命的弱點，就是沒有耐心，經不起挫折，只是三分鐘熱度，也無法控制自己的情緒。

人事主管也許會炫耀說：「我錄取了一個天生的銷售員。」然而這種被當做發現新大陸似的「看上」的人才，在實際工作中成功的卻很少。因為這種人過分自信，自以為「我的能力比其他人好得多」。而一旦經歷數次客戶的拒絕，加上聽到別人成績高過自己，便頓時失去信心，垂頭喪氣，連連叫苦：「不行！這不是人做的事。」

相反，性格內向的人，乍見質樸木訥，沉默寡言，說話沒有技巧，態度也不圓滑，有什麼說什麼，甚至有時產生誤會。但正因為這種人不會花言巧語，多聽少說，反而給人老實可靠的印象。

性格內向的人還貴在有自知之明，「像我這種人做銷售是要多吃點苦的」。於是便勇於面對困難，努力克服自己弱點，從而成為一名優秀銷售員。

所以，銷售成功的關鍵在個性，失敗不是因為個性改不了，而是不想改。

過人的自信與決心

沒有人會否認自信與決心對成功的重要意義。力量來自於自信與決心，只有過人的自信和決心才可能使你坦然面對成功路上的各種障礙，並義無反顧的向前走——而這正是成功的前提條件。

對於銷售員來說，自信尤為重要。自信是促使客戶購買你產品的關鍵因素。自信會使你的銷售變成一種享受，能使你把銷售視為愉快的生活，你會在自信的銷售工作中，對自己更加滿意，更加欣賞自己。「不想當將軍的士兵，不是好士兵」。要想成為優秀的銷售員，你要時刻懷有這樣的信念——「我一定能成為公司銷售的第一名，一定能達到自己的目標」。堅持這樣的信念去行動，你就能克服一切困難，不辭勞苦，勇往直前，最終達到勝利的巔峰。

世界上那些成功的銷售員無一不是自信過人、決心過人的強者。他們因為自己的自信和決心而堅持不懈，幾十年如一日，最後取得了過人的業績。

齊藤竹之助是大家都熟悉的一位銷售員，在齊藤竹之助剛開始從事銷售的時候，生活是很貧困的，但由於他腦子裡整天想著「一定要成為日本第一的銷售員」，所以他絲毫不感到艱苦，最終贏得了「首席銷售員」的稱號。齊藤竹之助說：「沒有堅定信念的人，壓根就無法當銷售員。」

而公認世界上最成功的銷售員喬・吉拉德，曾一度因事業失敗而負債累累，更糟糕的是，家裡一點食物也沒有，更沒有錢供養家人。

他拜訪了底特律一家汽車經銷商，要求做一份銷售的工作，銷售經理起初很不樂意。

喬・吉拉德說：「先生，假如您不僱用我，你將犯下一生最大的錯誤！我不要有暖氣的房間，我只要一張桌子，一部電話，兩個月內我將打破貴公司最佳銷售員的紀錄，就這麼約定。」在兩個月內，他真正做到了，他打破了那裡所有銷售員的業績。

柴田和子在成功以後說：「在我宣稱要成為第一的那一刻，就注定了會有今天。」

喬・吉拉德、柴田和子的自信在說出那句宣誓的時候已經淋漓盡致的表現了出來，而決心又使他們贏來了宣言實現的那一天。

身為一個銷售員，如果你也想獲得他們那樣傲人的業績，就必須做個立意堅定、自信過人的強者。否則，你只能碌碌無為、平庸的度過一生。

心態左右銷售的成功

在一個人遭遇失敗的挫折時，其第一反應往往是埋怨他們所處的環境、行為的時機，甚至是命運。可是，當你如此抱怨的時候，為什麼不想想自身的原因呢？

埋怨自身以外的環境、條件等是毫無意義的，而實際上，環境、條件並不是你成功的真正障礙，真正的障礙其實是自己。

康辰嗜酒如命且毒癮很大，有好幾次差點把命都斷送了，後來因為在酒吧裡看一位服務生不順眼而犯下殺人罪，被判終生監禁。他有兩個兒子，年齡相差一歲，其中一個跟康辰一樣有很大的毒癮，靠偷竊和勒索為生，也犯了殺人罪而坐牢。另外一個兒子擔任一家大企業的分公司經理，有美滿的婚姻，既不喝酒更不吸毒。為什麼同出於一個父親，在完全相同的環境下長大，兩個人卻有如此不同的命運呢？問起造成他們現況的原因，倆人竟然是相同的答案：「有這樣的老爸，我還能有什麼辦法？」

一位企業家說：「透過監獄的鐵窗，兩個人觀望著，一個看到的是泥土，另一個看到的是星光。」為什麼會出現兩種截然不同的結果？這就是一個人的心態作祟。我們經常以為一個人的成就深受環境所影響，有什麼樣的遭遇就有什麼樣的人生。其實，影響我們人生的不是環境，也不是遭遇，而是我們對這一切所抱持的態度。

一個人對某些事物的態度決定你是積極向上的，還是消沉墮落的，進而也決定了你是否能夠獲得成功。

身為一個銷售員，超越銷售巔峰的關鍵在於「態度」。你對目前的遭遇抱持怎樣的態度，也就決定了你會擁有怎樣的將來。

在一個小島上，有一個非常有名的法師，他上知天文下知地理，而且還能算出人的前生。一個年輕人不相信，於是捉了一隻鳥來見法師。他手裡拿著這隻鳥問法師：「人們都說你神通廣大，無所不知，我想請你猜猜我手中這隻鳥是活的還是死的？」法師笑著對他說：「如果我說這隻鳥是活的，你就會把牠捏死；如果我說牠是死的，你就會張開手把鳥放了。鳥的命運就在你手中，生死由你決定。」

命運由你不由天，更不由環境、條件或別人來決定。你就是自己命運的主宰者，你有選擇的自由，可以選擇成功，也可以選擇失敗；可以選擇痛苦，也可以選擇快樂。成功由你自己決定，你追求成功的欲望越強烈，你成功的速度就越快。

培養正向的銷售心態

信心對銷售員來說顯得非常重要。銷售大師大衛．霍菲爾德說：「當你面對一位客戶，在情緒上想要與他建立一種神祕的交情時，信心是一種不可思議的力量。我們不能假裝勇敢而愚弄別人，如果真是如此，真正被愚弄的反而是你自己。我們若要毀滅一個人，需要做的就是毀滅他對自己的信心。當我們失去了信心，就已經一無所有了。」

著名的銷售員原一平每次遭到挫折幾乎要喪失信心時，他就向自己大聲斥責、鼓勵自己：「原一平啊，切莫泄氣，拿出更大的勇氣來吧！提起更高的精神來吧！宇宙之宏大，就你一個原一平啊！」

假如你也即將喪失鬥志，不妨也如此呼喊自己的名字。當你如此呼喊，一定會鼓起前所未有的勇氣，恐懼也會煙消雲散。

一個優秀的銷售經理，會淘汰一個擁有多個證照但沒有恆心的人，而把這工作交給一個沒有證照卻很有恆心的人去做。

只要你有恆心，終究會取得成功。那麼該如何培養正向的心態呢？

(1) 每天說或做一些使他人感到非常舒服的話或事，你可以借助電話、明信片或一些簡單的善意舉動來達到這一目的。例如：送給他人一本勵志的書，可能會使他的生活從此充滿奇蹟。

(2) 每週閱讀一次愛默生的隨筆，直到你能領悟其中的道理為止。這些書可以讓你確信，你能夠從正向心態當中獲得好處。

(3) 分清願望、希望、欲望以及強烈欲望的區別，只有強烈欲望才會為你帶來驅動力，並且只有正向的心態才能產生驅動力。

(4) 你要相信自己可以為一切問題找到合適的解決方法，但也必須注意，你所找到的解決方法未必都是理想的解決方法。

(5) 除非有人能夠以足夠的證據證明他的建議具有一定的可靠性，否則別輕易接受他人的建議，你將會因謹慎而避免被誤導。

(6) 使自己多運動以保持健康狀態，生理上的疾病很容易造成心理失調，身體應和你的思想一樣保持健康，這樣才能維持正向的行動。

(7) 務必了解人的力量並非全然來自物質。

(8) 把你的全部思想用來做你想做的事，而不要替那些胡思亂想的念頭留出思維空間。

當你知道怎樣培養你的正向心態後，接下來的問題就是怎樣才能把正向心態表現出來。

行動比言語更能打動人心。大多數人都認為，表現出正向的思維方式要比表現出正向的行動方式來得容易。一些正向的行為模式可以幫助你從外在表現出正向的心態。

(1) 顯示你的承諾。客戶必須先看到你的承諾，然後才願意冒風險做出承諾。

(2) 靈活性。經常發現變通的辦法以適應各種不同的情況，尤其是那些涉及解決買主問題的情況。

(3) 切勿抄近路。你毋須成為一個完美主義者，但你需要處理好每一個細節，以保證兌現你的承諾。

(4) 表現出熱情。當你表現出熱情時，你的感情具有很大的感染力，它會促使你的買主做出和你做生意的決定。

(5) 欣賞自己所做的事情。欣賞自己的工作是最大的動力。你對自己那份工作的欣賞程度，對你周圍的人來說是顯而易見的，這當中包括你的客戶。客戶總喜歡和擁有一批快樂員工的公司打交道。

(6) 準時。要珍惜時間，不僅珍惜你自己的時間，也要珍惜你的客戶和潛在客戶的時間。始終保持準時到場，小心別弄得自己不受歡迎。

(7) 千萬不要撒謊。銷售既是科學又是藝術，它常常允許添枝加葉，有時候甚至還需要一些誇張，但絕不能撒謊。

(8) 借用「活動封閉艙」，全心全意面對客戶。一次對付一個活動，把你生活中其他使你不集中的事情關進「活動封閉艙」——猶如船上的密封艙一樣。

不做半途而廢的銷售員

具有堅強的成功信念，幾乎每一個人都可以成為優秀的銷售員。

對於許多保險銷售員來說，他們所羡慕的成功並非是突然降臨的，它要求你每天都全身心的投入。一旦你對自己的成功抱有堅強的信心，那麼到了一定階段，銷售中產生動力和動機的問題會讓位給如何運用這股動力的問題。

對於成功的信念要保持你的動力的持久性。因為信念會衍生出樂觀主義，是「心理甜食」。由信念產生的正向態度則充滿了活力。

信念的優點在於不管你對與錯，你將保持不達目的誓不罷休的想法，並加強你的動力。

信念很重要。你應該很清楚達到目標的可能性，你想像它們的感受與實際達到的感受幾乎完全相同。這種自然的「高潮」幫助你保持旺盛的精力。

為了加強信念，你要不斷用支持你的觀念取代否定你的想法。把你仍有欠缺的想法變成向你提供肯定訊息的起點。

許多銷售員已到達了成功的邊緣，幾乎伸手可摘，卻轉身走了。

對於這些銷售人員，當成功已到了他們掌握之中時，總會發生一些意想不到的事。離自己已近在咫尺，但是，他們開始焦慮不安並自我摧毀了。

有些銷售員不承認自己要成功。他們擔心，一旦成功了，人們將期望他們重複成功。

銷售員也擔心成功將使他們和其他人切割開來。這些銷售員可能乾脆透過退出此行業或為自己設置不切實際的目標，以避免成功。由於他們不信任自己的目標，也就不準備得到它。

一旦他們失敗，他們就按失敗的態度來對待自己，並對自己說：「看，我已做過努力，可我根本無法成為最佳的銷售員。」

最可悲的是，一些銷售員從成功的門前退了下來，因為他們認為不該得到它。從心理上講，如果你認為某種東西不屬於你，你就很難接受它。成功的感覺要求你自我感覺良好，認為你應得到成功，而這正是某些銷售員所欠缺的。

坦然面對別人的嘲笑

很多時候，不佳的業績都可能使你抬不起頭來——這種情況在銷售員中間經常遇到。有的人因此與這一行業告別，有的人即使仍然從事這一行業也業績平平，而另外的人呢？在奮發中鍛鍊，在失敗中成長，最後創造了輝煌的業績。

坦然面對別人的嘲笑

原一平是日本的「銷售之神」，在《打動人心的推銷術》一書中，原一平回憶了當時的情景：

「原一平，你不是做得了這行的人。」

當時，原一平屏住氣息，無言的看著面試的人。他在內心這樣吶喊：

「這是什麼話！我原一平偏要做給你看！」

一九三〇年的三月，原一平以「不請自來的見習職員」身分，開始在明治保險公司工作。當時他身高只有一百四十五公分，用他自己的話說就是：「個子又小又瘦，橫看豎看，實在不是個好貨色。」他必須每月銷售一萬日元的保險，才能成為公司的正式銷售員。

「個子矮小的我，真是風采不揚，也難怪對方看到這種外表就丟給我這句話。當時我血氣方剛，年僅二十五歲，就像對那句話要報一箭之仇那樣，我闖進了銷售的世界。」原一平對別人這樣講述他的往事。

因為「自然條件」不如他人，他就只能從早到晚拚命的工作，他心裡想的只有一件事，那就是要闖出名堂讓當初小看他的那位面試官瞧瞧。由於囊中一貧如洗，他有時就在公園的長椅上過夜，一天只吃一頓飯也是常有的事情。

「不過，對我來說，這些又算得了什麼呢？我只靠固執的信念堅持到底。腸胃大唱空城計，那種難受的滋味，老實說真讓人受不了。有時躺在公園的長椅上仰望星空時，我都忍不住淚流滿面。」

那一年終了時，他的業績是十六萬八千日元。原一平得意洋洋的跑到那個面試官家中，向他報告這個喜訊，就這樣，原一平成了公司的正式銷售員。

在譏諷面前承認自己無能是懦夫的行為。顯然，沒有人願意被別人稱為「懦夫」，但假如你選擇退出或一蹶不振的話，你無疑就是實實在在的懦夫了。

不要輕言放棄

不遭遇拒絕是不可能的，這是成功銷售員的一個心得。

對於成功的銷售員來說，在他們成功的過程中，被拒絕是很正常的事情。失敗了不要緊，要緊的是失敗後你還能堅持，哪怕接下來的是繼續的失敗。

失敗總是令人難以接受，而要成功就必須繼續堅持下去。

一九二九年經濟大蕭條來臨後，為了謀生，安東尼到一家電線公司當銷售員。

然而，昔日股市上大賺其錢的安東尼很快就發現自己在銷售上幾乎就是一個低能兒，只要客戶一說「不要」，他就無話可說了。經過一番考慮，安東尼打消了退縮的念頭，決定不管做銷售員將遇到多大困難，都一定堅持下去，真正闖出一番事業來。他覺得首先得改變自己的性格。

於是安東尼咬緊牙關，逼迫自己忍受別人的粗暴、無禮、冷淡和拒絕。慢慢的，安東尼發現，做到謙虛和鎮定並不是一件很困難的事情。除了心理上的調整之外，安東尼還刻苦學習銷售技巧。

刻苦訓練後，安東尼拜訪的第一個客戶是一家工廠的老闆。在銷售前，安東尼做了一番調查，了解到他愛好釣魚。於是在交談中，安東尼投其所好，對老闆的釣魚技術大加讚揚，很快兩人的談話就投機起來。後來，安東尼從這個老闆那裡做成了第一筆生意，成功邁出了事業中的第一步。

美國總統柯立芝曾經說過這樣一句話：「世界上沒有一樣東西可以取代毅力，才能也不可以，懷才不遇者比比皆是，一事無成的天才很普遍；教育也不可以，世上充滿了學無所用的人。只有毅力和決定無往而不勝。」確實，一個不能持之以恆的人是很難成功的。

拿破崙．希爾的一位好友曾經邀請他合作，共同開發一種產品。結果這種產品銷路很差，根本就賣不出去。拿破崙．希爾見情況不妙，很快就退出了合作，自然，他的損失也就有限了，而好友卻損失慘重。失去了幾十萬美元的朋友卻覺得自己還是有所收穫的，他富有哲理的說：「希爾，你知道，我不想失去金錢，但是我真正擔心的是，自己在之後的生意中由於太謹慎而變成一個懦夫。如果真是那樣，我的損失就更大了。」

要想成為成功者，持之以恆的品格是必備的。不管遇到多少反對，不管遇到多少挫折，不管周圍不利因素對他的干擾有多大，他們都會堅持下去。這是成功者天性的一部分，就像人永遠不能停止呼吸一樣，他們永遠不會放棄。一個從失敗走向成功的銷售員，正是一個這樣的成功者。

堅持到底就是勝利

每個人在生活中都不可能一帆風順，總會遇到一些挫折考驗，陷入困境之中，這時候，最重要的是意志，如果堅持下去，就可能改變命運。如果輕易放棄，就會與成功擦肩而過。

美國阿拉斯加州的查理和雷恩，是兩個精力旺盛又愛好幻想的年輕人，他們不甘心過貧窮的生活，一起來到非洲腹地尋找傳說中的寶石。那是一個渺無人煙的山谷，查理和雷恩一塊接一塊的撿

銷售戲精

面對滿口幹話的奧客，業務內心小劇場大爆發

著礦石，這無疑是項既枯燥又辛苦的工作。

時間一天天逝去，撿過的礦石一天天增多。查理和雷恩的手已經磨破了，身體被毒辣的太陽晒掉了一層層皮，被蚊蟲叮咬過的地方開始流血化膿。在揀到第九千九百九十九塊礦石的時候，雷恩堅持不住了，他決定離開那裡。

查理說：「我們已經撿到了九千九百九十九塊，就這樣放棄了豈不是半途而廢？要不就再撿一塊湊到一萬塊，說不定最後一塊就是寶石。」雷恩不耐煩的說：「現在誰還抱有這種想法，那他肯定是個白癡。」說完頭也不回的走了。

查理看著雷恩的背景從視野中消失，嘆了口氣，然後隨手又撿起一塊礦石。這時他突然感到手裡的礦石沉甸甸的，與以往的大不相同，仔細一看，原來真的就是他夢寐以求的玉石。回到阿拉斯加州，查理將寶石變賣後開起了鋼鐵工廠。

若干年後，當雷恩還在阿拉斯加州流浪的時候，查理已經成為知名鋼鐵公司的執行長。有人問他成功的祕訣是什麼？他很有感觸的說了這樣一句話：「成功和失敗只有一步之隔，誰堅持到最後誰就是勝利者。」

在商界，能做最多的生意、得最多的主顧、銷售最多商品的，是那種不灰心、能忍耐、絕不在困難時說出「不」字的人，是那種有忍耐精神、謙和有禮，足以使別人感覺難背其意、又難卻其情的人。

一受刺激就不能忍耐的人，不會有什麼大成就。

人們的天性決定了他們對各商家的銷售員總有些不歡迎，但是，當他們遇到若干個有忍耐精神、

謙和態度的銷售員時，事情就不同了。他們知道，有忍耐精神的銷售員是不容易打發的，他們常常由於欽佩那個銷售員的毅力而買下他的商品。

定下一個固定的目標，然後集中全部精力去達成那個目標，這種能力最能獲得他人的欽佩與尊敬。

不管社會發生什麼變化，意志堅定的人總能在社會上找到位置。人人都相信一個為事業百折不撓，能堅持、能忍耐的人。堅定的意志會讓人產生信任感。

甩掉包袱輕裝上陣

所謂包袱，即一種束縛人行動的思想障礙。很多銷售員都存在著這方面的問題。對此，你只有甩開包袱、放開手腳才能表現得更出色。起初，保持並發展這一正向態度對你來說也許很困難，這很自然。在拜訪一位客戶之前，你認為他是不會成交的那一種。進而認為自己難以承受這一失敗，充斥大腦的全是些不受歡迎的想法，這樣下去你就無法成為一名優秀的銷售員。

包袱不同於壓力，壓力可以促使你更積極的前進，而包袱只能算是一種障礙，一種心理負擔。因此，當你意識到自己存在思想包袱的時候，你必須將其驅除出去，以保證你具有正向心態，以此克服眼前的困難。

清除包袱需要勇氣，要勇敢將其從你的腦海中驅逐出去，用一些有利於你銷售的觀念及其他有活力的東西來替代，使你遇到的下一位潛在客戶必然成為你的真正主顧。但也不要太過火，你應該對自己說：「我是個銷售天才，沒有人會拒絕我。」銷售態度中更需要的是肯定。肯定自己才能產生強大的力量以對抗負面思想。你一遍又一遍的重複著肯定的詞句，直到它銘刻在潛意識裡。如果你能經常這樣保持正向的想法，那麼便會出現奇蹟。

你應當時刻警惕自己內心滋生負面的思想，避免為自己帶來思想包袱。當一種負面思想出現時，你應當將其消滅於萌芽之中。你需要意識到，負面的想法只會使你裹足不前——樂觀主義者成功，悲觀主義者失敗。

做一個專業的銷售員

想要在銷售行業上有所成就，首先應當忠實於這份工作，並努力使自己成為專業的銷售員。專業是技能、意志等一切素養能力的代名詞，一個想獲得成功的銷售員，首先應當確保自己在所需素養、能力方面達到一定的水準。

一般來說，優秀的銷售員需要得到一定的訓練，訓練是自身素養、能力得以提高的基礎和有效途徑。

一家連鎖百貨公司的國外採購員是該公司裡報酬最高的雇員之一，在談及淑慧在這個職位上獲得的報酬時，她更多的把它歸結於她為此而接受的全面訓練，而不是其他事情。把薪水和佣金加在一起，淑慧一年的收入高達兩百萬元。在談到淑慧在這個公司的職位時，該公司的一位高管曾說：「我們經常把淑慧當成朋友，而不是雇員。她到我們公司剛好滿十六年了，當時她嚴重營養不良，我們不得不找來公司的醫護人員替她進行診斷和治療。如果沒有訓練，她很可能已經因為不合格或者作為一個失敗者而回到貧民窟了。而經過訓練，她已經成為最有能力的商業女性之一。」

失敗的銷售員處處皆是，假如你希望成為一位成功的銷售員，那麼，你必須接受正確的訓練和擁有忠實工作的願望。有了這些成功的基礎，無論你是剛失業不久，還是一直默默無聞，無論你走到哪裡，無論世事多麼艱辛，你都會找到自己的用武之地。

為證明自己能否成為一個合格的銷售員，首先必須分析你的興趣和才能。人在青年時代是具有可塑性的，即使一個人天生沒有作為銷售員的強烈愛好或明顯的才能，他也完全可以透過後天的學習獲得。特別是才能，就像愛好一樣，可以是天生的，也可以透過後天的學習獲得。透過適當的銷售技能訓練，再加上適當的練習，就可培養、提高我們的愛好和能力，從而使自己成為優秀的銷售員。

在實際銷售工作中，很多人對此並不以為然，他們認為每個人都可能成為一個銷售員，而銷售藝術也不需要經過特別的訓練。抱著這種態度銷售商品的人很快就會發現自己錯了。如果銷售是你的職業的話，你就不能對它所要求的條件抱持這種膚淺的看法。你承受不起把自己的生活弄得一團糟的後果。如果銷售員是一種無聊的職業，薪水很低且前途渺茫，這樣的職業你可能會無法承受。如果銷售能夠為你的生活帶來生機，還是值得進行認真、扎實的準備和訓練。

第二章 贏得成交的銷售理念

理念是行動的指南，先進的銷售理念帶來卓越的銷售業績。理念構成思想、思想決定行動，行動決定結果！身為優秀的銷售人員，我們是平衡公司、客戶、個人三者利益的切實執行者，正確的銷售理念將決定你的行動和你的業績，良好的業績又會讓你的職業生涯保持常青不衰！所以，要想做到絕對成交，就必須掌握一些行之有效的銷售理念，只有這樣才能在日後的銷售工作中得心應手，從而輕鬆拿下訂單。

看不見的敵人才是最可怕的

一位在越戰中失去一條腿的美國軍官說：「最恐怖的是眼睛看不見的敵人。跟眼睛看得見的敵人作戰，心中多少有些充實感，但在熱帶叢林作戰時，看不見敵人，衝進去卻沒有抵抗，時間五分鐘、十分鐘的過去，靜謐中可怕至極。恐怖成了我們心中的敵人……」

銷售員也有兩個敵人：看得見的敵人（競爭對手）和看不見的敵人（自己）。

只要方向對頭，方法得當，全力以赴，看得見的敵人是沒什麼可怕的。如果有什麼可怕的，就是眼睛看不見的敵人，也就是你自己。

銷售員要與客戶的拒絕「作戰」。把不想買的客戶變成想買的客戶，這就是銷售員的工作。

然而，客戶並不會輕易改變想法。你自己一旦產生某想法不也是一下子改變不了嗎？人同此心，心同此理，客戶若已決定不買，要使其回心轉意是很艱難的。

有人看到是銷售員就把門砰的一聲關起來，讓你吃閉門羹；有人和銷售員爭得面紅耳赤，不歡而散；有人靜聽銷售員口沫橫飛的詳細說明，然後客氣拒絕；有人表示興趣，卻又說「目前還不想買」……形形色色的「拒絕」層出不窮，你一天會碰到五十次甚至一百次。日復一日，便會產生「受不了！算了！不幹了！」的想法。早上起來，想起那可怕的拒絕，心中不無痛楚。就這樣，你在成功的入口處就喪失了克服困難的意志，產生了畏難、逃避心理。如此，你越軟弱，心中那看不見的敵人就越強。

銷售員最可怕的敵人是心中萌發「要輕鬆的工作」、「做自己高興做的工作」、「不接近別人」的想法，這就是「趨樂避苦」的心理。銷售員首先要戰勝這種追求快樂的心理——看不見的敵人。

別讓你的「資料」成為「死料」

有一則宣傳〇〇藥酒的廣告，上面附有兩張照片：一幅是一位體弱多病、骨瘦如柴的男士在服用藥酒前的照片；另一幅則是該男士服用藥酒後健壯如牛的照片。不必文字，便可說明：飲用此酒，強身壯骨。

銷售戲精

面對滿口幹話的奧客，業務內心小劇場大爆發

幾乎每家餐館入口處的櫥窗裡都陳列著精緻樣品，秀色可餐，令人垂涎三尺，它無時不在招攬客戶。

廣告照片、櫥窗展品都是以具體形象表現商品的魅力。百聞不如一見，無論怎樣動人的宣傳語，都難比生動的形象具吸引力。有的公司雖然除了準備詳盡的商品說明書、價格表、公司簡介等宣傳品，還備有印製精美的目錄，卻沒有收到令人滿意的效果，就是因為缺少形象的宣傳。

每個人都有一種通病，就是不管東西價值多高，只要是免費的便被視如草芥。反之，如果是花錢買的，哪怕很普通的東西，也要盡力撈回本錢而「物盡其用」。

同樣，銷售員隨便發給客戶的商品宣傳資料，客戶可能看都不看就扔進紙類回收桶裡。可如果是你自己動腦編輯、自己花錢製作的宣傳品，你就一定會視如珍寶，客戶也會被你付出的心血所感動，願意多傾聽你的說明。

文宏是某汽車公司的銷售員，他用自己的相機拍攝了一些汽車的照片，還精心設計照明效果、角度和車模的配置，當他拿給客戶欣賞並熱心加以說明時，便很容易打動客戶的心，因此他的銷售業績非常好。

所以，同樣是花錢宣傳，效果會截然不同。你可以將公司的資料加以整理、剪輯、分析、排比、張貼套色，自己設計動人的文句，用玻璃紙覆面以增強效果，從而編成一個有故事性的東西，這就需要你的智慧、興趣和手工。總之，公司的資料是「死的」，需要你賦予生命，變成「活料」。只有活潑、新鮮、充滿熱情的資料，才能感動客戶，從而創造實績。

把一天的時間當做兩天用

據《日本經濟新聞》以六百四十六名銷售員為對象，就其銷售活動時間分配所做的調查結果顯示，銷售員每年與客戶面談的時間是很少的，一年中銷售員實際與客戶面談的時間僅六十九天，約占全年三百六十五天的百分之十九不到。

真可謂「一寸光陰一寸金」。在銷售界成功的人，一定十分珍視時間，絕對不會讓時間白白浪費。時間就是金錢，想賺錢，就把時間兩倍、三倍的使用。你可以在前往銷售地的車上看書、查資料，可以在回家的車上填寫日報表，從而騰出時間為明天乃至未來的開發做準備。

到了月底，銷售員往往感到壓力很大，「只剩下六天了」，便匆匆把商品銷售出去，卻又常常遭受客戶的退貨或抱怨等。而正確的做法是「超越時間」，即不被時間所迫，而是追趕時間。被追與追人的心情會有天壤之別，被追的人從容不迫，胸有成竹。

家良有一次前往某名勝遊玩，抵達旅館已是半夜，可次日清晨六點就起床到旅館周圍散步。別人問他：「那麼晚才睡，起得這麼早，不累嗎？」家良回答說：「不，我每到一個地方，都會想也許以後沒有機會再來這裡了，所以要把握機會，能看的盡量多看，能聽的盡量多聽。雖然有點累，但我心中充滿了觀察感和求知欲，我感到非常快樂。白白浪費大好時光、渾渾噩噩度日才是最難過的。」

銷售事業如同其他任何事業，只有與時間競走勝利的人才是成功的人。錢丟了還可以賺回來，時間丟了卻再也找不回來，它如大江東流一去不復返。與其看緊錢，不如看緊時間，而且更要把時間甩在後頭，一小時當兩小時用，一天當兩天用，只有這樣才能獲得成功。

將理論與實際結合起來

但凡剛踏出校門踏入職場的新鮮人，都會發出這樣的感嘆：

「人際關係太重要，簡直難以應付。」

「學校裡學的東西幾乎用不上。」

我們知道，學校教的是理論知識，而工作中接觸的卻是活生生的事例，只有結合理論與實踐，才能產生解決這些複雜問題的能力。所以，我們常看到或聽說某某在校時成績頂呱呱，可對於工作卻一塌糊塗，這便是理論與實踐脫離的結果。

我們生活在現代社會，處於資訊時代，不論生產部門還是銷售部門，每天都要面對大量資訊，處理很多事務，沒有一定的知識是無法駕馭這些資訊的。有些人不能活用知識，有些人是書呆子、死腦筋，讀再多書也無益，而有些人自以為學了很多東西，其實只是「半瓶水」，根本沒有把書讀通。所以，知識不僅要博大精深，更重要的是活學活用。

那麼怎樣才能活學活用（即結合理論與實際），從而形成實際工作能力呢？

(1) 訓練自己將日常見聞加以整理分析，與工作結合起來。

(2) 與其讀那些晦澀的書籍，不如讀些能促進工作開展、具有啟發性的實務書籍。

(3) 兒童總喜歡不停追問：「為什麼會這樣？」、「為什麼會那樣？」常使家長和老師備感疲勞。但這的確是掌握和提高資訊能力的有效方法。因此，銷售員也應該常對周遭事物保持好奇心。

(4) 了解自己的不足，且勇於承認錯誤。

因此，光靠理論知識是沒用的，必須將理論實踐緊密連結，掌握資訊，靈活運用，才能有實際工作能力。

從「賣」到「賺」的策略

有位成功的企業老闆說：「我對數字很頭痛，但自信在計算方法上不會輸給任何人。」銷售員當然要明瞭數字，但數字背後，還有更重要的本質問題，必須發現它、掌握它、改善它。數字是表面的，數字大不一定有利。因為若僅銷售量大，而其他開銷如薪資、獎金、福利、水電房費等太高，則所得利潤會被腐蝕殆盡，這樣你不但無利可圖，甚至可能虧本。因此，純利潤的計算不能一味追求銷售量。

銷售員要學會計算三件事，才能真正由賣到賺。

1、最低銷售量應達到自己薪水的八倍

一般營利單位，人事費用占銷售額比例是明確的，如零售業是百分之十一到百分之十三。假定

某人月薪六萬元（薪資加獎金），又假定人事費用率是百分之十二，那麼計算其每個月應達的銷售額是：

60000÷12/100=60000×100/12=500000（元）

顯然，他的銷售額要達到其薪水的八倍以上。而且這是以個人計算，對於整個公司的人事費用還要算上會計、後勤行政人員，那麼按照公司全體職員的薪水總和計算，銷售員的銷售額還要升高。

2、比漲價率高的銷售增加率

假定今年的銷售額比去年同期增加百分之二十，可物價比去年上漲百分之二十，那麼便不值得高興了，因為實質銷售額未增加。

所以，銷售員的成績應以實質增加率計算。

3、提高實際收款率，減低利息損耗

實際收款率也稱銷售周轉率，其計算公式如下：

實際收款率（銷售周轉率）＝本期銷售額／所欠應收帳款（賒欠額）

商品銷售後，將帳款全部收回，才算是一筆買賣的完結，賒欠額（所欠應收帳款）越少越好。賒欠額提高了利息成本，利息提高則成本提高，利潤也就下降了。因此實際收款率（銷售周轉率）越高越好，而要提高實際收款率就要減少賒欠額。一句話，早日收回欠款。

銷售員必須明確上述三項概念，而且要牢記於心。

不斷壯大自己的客戶群

在銷售行業，獲得成功有兩個必要的條件：一是服務品質，二是服務數量。服務品質是基礎，只有良好的服務品質才能保證你的客戶不會流失。但如果僅僅著眼於服務品質，而忽略了數量這一要素，那麼你的成功也缺少了一個必要條件，同樣無法達成。

銷售是與「人」打交道的事業，你認識的人越多，你服務的人數越多，那麼你的收入就會越多。你的成就取決於你認識多少人和多少人認識你。

成龍是家喻戶曉的電影明星，每當他出片的時候，各家播映的電影院總是大排長龍，每個人都迫不及待的想去看他的電影，因為他服務的人數是非常多的。

不管你是銷售高價位的產品，譬如房地產，還是低單價的產品，譬如日用品，只要你的數量夠大，一定可以成功致富。

如何不斷壯大自己的服務客群是所有成功或希望成功的人致力思考的一道命題。要想獲得更大的成功，就必須增加自己的服務人數。你的成就永遠跟你服務的人數成正比，你的收入和你服務的品質及服務的人數成正比。想一想，你每天出去拜訪客戶，接觸陌生的客戶，不就是為了壯大自己的服務對象嗎？

不要對此存在絲毫怠慢。任何時候，你覺得自己還不夠成功的話，就必須把你的焦點放在服務客群上——如何服務更多的人。當你可以服務更多的人時，就會有更多的人認同你，協助你達成你的目標。你應當隨時隨地想著如何結交新的朋友，如何結交比自己更加成功的朋友，如何結交一些對自己有幫助的朋友，如何主動幫助成功的人，主動付出，建立人脈。人脈就是金錢，對於一個銷售員來說，它還意味著輝煌的業績、傲人的成就以及成就的滿足感。

銷售工作是做「人」的工作，這種工作首先應當有足夠的「人」。世界最著名的銷售員喬·吉拉德，整天帶著一疊名片到處分發，他一個月用掉一千多張名片，其目的無非是隨時隨地尋找準客戶。當你這樣不斷付出，幫助更多人、服務更多的客戶時，成功是指日可待的。

真心實意的關懷自己的客戶

真心實意的關懷自己每一位客戶，才能引起客戶與你之間的共鳴。真心實意的關懷客戶是銷售員必須做的事情之一，也是讓銷售員獲得成功的途徑之一。

世界上著名的成功銷售員都很關心自己的客戶，當中有些人甚至和自己的客戶成了親密的朋友，像日本的保險銷售大王原一平、美國的汽車銷售大王喬·吉拉德等，都和自己的客戶保持著持久緊密的聯絡。真心關懷每一位客戶是這些世界知名銷售員的行動指導，銷售人員要想使自己的銷售活動獲得成功，就必須具備這樣的銷售思想。

一次，保險公司的銷售員思泰去拜訪一位陌生客戶，替他開門的是一位五十多歲的中年婦女，思泰一看便知她整日不停為家庭、孩子操心，於是說道：「真是辛苦了！有您這樣的好太太持家，家人一定十分幸福！想必您先生一定是一位事業成功、非常具有影響力的優秀人士。」中年婦女聽了，立即眉開眼笑。

每個人都需要被關懷，關懷的話語使人感到溫暖。身為一個銷售員，你必須真心實意的關懷每一位客戶，並且以適當的語言將這種關懷之情表現出來。即使你談話的對象忙碌了一天家務，幾句關懷的話語也可以使他（她）忘記疲勞，感到自己沒有白辛苦，更重要的是，他（她）會覺得你很體貼別人，從而願意與你進一步交談，這種銷售員才能架起與客戶之間友好溝通的橋梁，使客戶信賴並接受你。

不要使用拙劣的銷售手段

優秀的銷售員應當有良好的品格。良好的品格是魅力，是生而為人的基礎，同時也是銷售生涯獲得更大發展的前提條件。如果將拙劣的手段用在銷售工作上，換來的只會是損失，而不是收穫。

曾經有位女士在報紙上投訴：「有個女子自己推開了我家裝有鈴鐺的大門進來，我聽到鈴鐺聲就大聲問：『誰啊？』對方回答：『我姓李！』這聲音聽起來很陌生，似乎不是我認識的人。又問：『哪一位李小姐？』對方並沒有回答我。我跑出來一看，原來是推銷員。我問：『妳是推銷員嗎？』對方支支吾吾的回答：『嗯！差不多啦！』就不再說話了。我又再追問：『你們要推銷什麼呢？』對方還是支支吾吾的回答：『化妝品。』我回絕她們：『我們家不需要這個！』那兩個人聽了，連一句話也沒說就走了，她們走時連大門也沒帶上。據說，以這種方式銷售東西的推銷員還真不少呢！難道現在的推銷員都已經不懂得如何尊重別人了嗎？這可真令人討厭。」

顯然，該推銷員的行為非常拙劣，不僅顯示了自己缺乏常識和修養，同時也表現了她對客戶並不重視，根本就沒有想過要尊重客戶。這位推銷員的行為可以讓所有銷售員反省自己的行為是否恰當：第一，拜訪的目的是否明確；第二，開門之後如何應對出現的情況。

可以看出，上例中的推銷員在這兩方面的錯誤都是顯而易見的。首先，不論你是誰都不能光回答：「我姓李」。這樣對方根本不知道你的目的，也就不敢隨便開門。正確的做法是，當你站在對方的家門口時，先主動報上自己的來歷：「我是○○公司的推銷員，可以占用您一點時間嗎？」這樣對方就不會懷疑你了。

另外，身為一個銷售員，對客戶禮貌是最基本的行為原則。銷售員必須將客戶放在第一位，任何拙劣的、無禮的甚至是欺騙性的行為都與銷售基本原則相違背，必須加以根除。

不要表現出焦慮的神情

焦慮是一個人陷入困境的表現，是失敗的徵兆。如果一個銷售員在客戶面前表現出焦慮的神情，那麼失敗是不可避免的——你對自己都沒有信心，客戶怎麼相信你？如何放心購買你的產品？

實際上，鎮定、從容、一切胸有成竹的模樣對成功而言是最佳的姿態。不要忘了「銷售是資訊的傳遞，情緒的轉移」這句老話，當你有著非凡的自信時，客戶也會相信你和你的產品。

銷售員羅伯特坐在一家旅館的咖啡館裡，他向客戶做了自我介紹。「我是一個來尋求簽字的人，馬修先生。」羅伯特說。

馬修很興奮：「是啊，我想簽字。」

羅伯特使馬修相信一個訂單將會在短期內為他帶來收益，就在馬修準備購買之時，忽然又停了下來。

「我想告訴你，羅伯特先生，」馬修說，「我將買下這個產品，但我必須先告訴家兄。」

「馬修先生，我想您是這家旅館的主人。」

「是的，」他回答，「但我必須先請示家兄。」這不在羅伯特的計畫內，馬修正在拖延。現在不買就意味著永遠不買。慢慢的，羅伯特裝好東西，他握握馬修的手說：「我不能在這裡等令兄了，馬修先生。但是坦白說，我希望他不要像家兄。」

「你這是什麼意思？」馬修不確定的問。

「因為假如令兄像家兄，他發現你拒絕了這樣好的一個合約，一定會責備你的。」

馬修想了一會兒，便坐下來填了一張一千美元的支票。

在上例中，羅伯特的鎮定可能會讓你捏把冷汗。但想成功就得這樣，你千萬不要表現得比買主更焦慮。實際上，你的客戶對將要失去金錢的擔心比你對失去銷售的擔心更強烈。那麼，還有什麼理由使你感到焦慮不安呢？

付出與收穫成正比

身為一名銷售員，你肯定期望得到車子、房子、功成名就等等，但你是否想過，要得到這些，你首先應當付出呢？在銷售行業中，很多成功人士都為成功付出了許多的時間、精力、甚至是青春年華。每個人都有他成功的特點，但有一點是成功者所共有的，那就是努力工作的習慣。著名銷售大師喬·甘道夫在談到自己的成功時說：「我成功的祕密相當簡單：為了達到目的，我可比別人更努力一倍，更艱苦一倍——而多數人不願意這樣做。」

一般的努力只能有一般的業績，只有加倍的努力，才有可能成為頂尖高手。

世界頂尖的壽險銷售員，每天早上五點鐘起床，平均每天工作十小時以上。

原一平堅持每天拜訪十五位客戶，如果客戶不在家，他會在晚飯後再來拜訪。由於勞碌奔波，有時他會在吃晚飯的時候就睡著了。努力是成功最快的方法，任何成功者都是非常非常的努力。

成龍是影視圈裡收入最高的明星之一，他之所以成功，是因為他比別人都努力。他拍每部片子，不但不用替身，而且經常挑戰人類的極限。三十多年來，他拍片無數，受傷也無數，多次面臨殘廢的危險。正如他所說的：「我從頭到腳每根骨頭都斷過。」正是由於他比任何人都努力，所以他才會有今天的成績。

為了成功而努力，任何一個成功者都必須經歷付出。對一個銷售員來說，不努力、不付出便期望獲得成功，那是欺人之談。成功與努力是成正比的，努力多少便成功多少，付出多少便得到多少。

嘗試改變你自己

可能你對目前的境況不太滿意，你對一切感到沮喪，你很想改變目前這種局面，但你並不知道

嘗試改變你自己

該如何著手。

如何面對這種窘境？先從改變自身的意識入手——除非你要改變，否則沒人可以改變你。

跳蚤可以稱得上是動物界的跳高冠軍，但是，如果把跳蚤放在一個透明的玻璃杯裡並在上面蓋上一塊玻璃，跳蚤每次跳的時候都會碰到上面的玻璃。當你把牠拿出來時，跳蚤所跳的高度也在逐漸變低，最後你用一塊玻璃壓住牠，不再讓牠跳了，過一段時間後，當你把牠放出來時，我們的跳高冠軍就只能爬行了。

我們都知道，人的既往經驗對其後的影響十分深遠，這種影響的力量甚大，而且是多層面的，滲透到各個生活領域。或許正是因為這種原因，某些人認為過去失敗過，將來也一定不會成功；過去自己不行，現在也不會很好；過去就這樣，將來也不會有多大改變；別人都是這樣，自己也不會有多大改變。

實際上，從某種意義上來說，每個人天生就是贏家。回想我們的過去，我們自身都有很多比別人優秀的地方，你只要仔細想想，就會發現自己身上的許多優點；相反，那些你認為比自己強的人或你所崇拜的偶像，他們身上也有很多缺點和不足。你要意識到，別人能做到的，你同樣能夠做到。為什麼別人可以開名車，住別墅，瀟灑生活其樂融融，而自己終日備受生活的煎熬？難道你認為他們比你更聰明能幹？絕對不是！只要下定決心，你也可以做到，除非你決心改變，否則沒有人能幫助你。

你本來就是天生的贏家，只是你沒有深刻意識到這一點而已，當你試圖改變自己的時候，你實際上已經在改變自己——只要你再進一步，便會看到成功的曙光。

在變化中謀求發展

身為一個銷售員，應當在工作中學會做出有利的改變，並在此變化中謀求發展。就本質而言，銷售本身就是改變現狀的行為。實際上，每個銷售員、每個公司面對的頭號對手就是現狀。目標客戶正在做的一切才是你真正的競爭對手！為了幫助他們做得更好，我們必須成為正向變化的使者。

改變有時是一個艱難的過程，特別是你所要改變的是某種根深蒂固的習性、習慣時，就更加艱難，但是改變是必要的。為了在銷售上取得成功，你不得不讓他人改變他正在做的事，要讓他不因循守舊進而與你合作。

銷售員要改變客戶的行為，必須從很多地方下工夫，並且具備足夠的技巧。其中有一項是明確的，也是首要的，那就是必須對自己的產品或服務瞭如指掌。另外，你還必須深信自己的產品真的能夠幫助人們。最後，你必須靈活多變，使你的產品或服務能夠迎合客戶各式各樣的需求。要做到這點，你得學會傾聽客戶的陳述，並從中找出他或她的目的所在。

有一位學者在一所大學教授銷售課程。在一堂課結束時，他讓學生告訴他從銷售的講座中學到了什麼。一個年輕人對他說：「先生，我今天了解的一件事就是您不如客戶重要。您必須承認：『對我來說客戶比其他一切都重要。』客戶打算做的、正在盡力做的以及他們打算怎麼做，遠比您的產品及您所說的一切還重要。」

這就是問題的關鍵。你應當把客戶的現狀視為一切，把改變這種現狀視為你最首要的工作。實際上，一個銷售人員必須接受這樣一個事實：毋須對目標客戶或客戶說教，也毋須從小冊子上照本宣科，更不必長篇大論，沒有什麼比問這句話更有效：「您好！您想找什麼？」然後再去傾聽這一個問題的答案。只有在我們聽到答案並能夠基於自身對產品的了解做出明智的回答之後，我們才能幫助客戶引起正向的變化。

讓客戶感受到被服務的快樂

客戶是服務的「享受」者。所謂享受，應當是快樂的享受。倘若服務沒有使客戶有快樂的感覺，那麼，這種服務至多是被客戶「接受」，而非享受。我們要求為客戶提供的服務應最大限度的使客戶有快樂的感受，這是創造優質服務的真諦。

如果你能為別人帶來快樂，你就做了一件好事。所以為客戶創造快樂、在快樂中為客戶服務是非常重要的。

人類的快樂分為內心的快樂和臉上的快樂。內心的快樂是一種心理特質，它能使人充滿自信，對人生充滿希望，帶給周圍的人同樣的快樂。臉上的快樂是內心快樂的反映，它具有消除害怕、生氣、挫折感、難過、失望及不中用感的能力。快樂是一種心態，是一種價值觀的展現。當你決定快樂時，你就會變得快樂。

為客戶提供良好服務，其價值不應僅僅展現在解決問題這一層面上，更要傾注於客戶對服務的享受性——要帶給客戶快樂的心情，帶給客戶美妙的感覺。這種快樂的氛圍可以借助一些方法和技巧來做到。

客戶服務是一種情緒的轉移，一種信心的傳遞，客戶在接受服務的過程中是否能產生愉悅的感覺，完全取決於銷售員自身的情緒表現。實際上，不管你快樂也好，不快樂也好，你的這些情緒都會轉移到客戶身上。如果客戶面對的是一張苦瓜臉，他的心情還會好嗎？客戶心情不好，會對你的服務滿意嗎？

第三章 做好成交前的鋪墊工作

銷售行業不同於其他行業，這是一門直接與客戶面對面的行業。所以外在形象和內在修養顯得格外重要，銷售員讓客戶留下的第一印象往往決定著最後是否能成交。所以，在銷售之前，優秀的銷售員要先對自己的內外進行合理包裝，要想達到成交，就必須贏得自己在客戶心中的第一印象。銷售是一門心理學的課程，在銷售期間，你不但要掌握好相關知識，還要在和客戶的言談中找到對方的心理需求和喜好，只有這樣，才能在銷售過程中做到絕對成交。

銷售員應該著裝得體

服裝的選擇應與所做的工作相配合。原則上無論是西裝還是便服均忌諱奇裝異服和過於花俏。穿著要整潔體面，打扮要乾淨俐落，這樣行動起來才會顯得中規中矩，胡亂穿著顯得粗野，給人一種不信任感。

年輕的銷售員一般來說應該穿著清雅、樸素，使人看起來穩重踏實，但個性不太活潑的年輕人則最好穿得花俏一點，以彌補性格方面的劣勢。

而年紀偏大的銷售人員，服裝的顏色和款式可以新穎一點，如果衣服稍嫌樸素，則可打條別致的領帶或穿件時髦的襯衫來彌補。

要避免穿著過於顯眼的高級服飾。如果銷售員穿著高級的服飾，客戶可能會認為：一個普通的銷售員都穿得這麼高級，那麼他所銷售的產品一定很賺錢，價錢也一定貴得不合理。所以，給人過分講究穿戴的印象對銷售人員並沒有什麼好處。

銷售人員的服裝雖說不要太高級，但也不能隨便。即使低薪的銷售人員也不能老穿同一套衣服去拜訪客戶，那會顯得你太寒酸，像個窮光蛋。對於銷售人員來說，衣服是其銷售商品的工具，根據不同季節起碼應該備三、四套衣服，每天輪流更換，而且經常更換衣服也會給人一種新鮮感。

不一定非要西裝革履

人們總感覺銷售員應是「雪白的襯衫，筆挺的西裝，打上協調的領帶……」，好像這是銷售員的制服。其實不然，根據商品和對象的不同，情況可能完全相反。

日本著名銷售專家二見道夫曾與一家汽車零售批發公司討論過：

「誰有購買決定權？」

「老闆。」

「銷售訪問地點在哪？」

「汽車修理廠。」

「都是些小工廠或小企業吧？」

「是的。」

「老闆上班時穿西裝嗎？」

「不，幾乎是工作服，因為要現場指揮。」

「是那種上下相連的藍色工作服？」

「正是。」

於是，二見道夫提了個建議。因為該公司銷售對象百分之九十是小企業、小工廠，老闆身穿工作服現場指揮，今後該公司銷售員也應穿上藍色工作服。銷售員雖有異議，還是改穿了。結果效果很好。大家衣服同類，倍感親切；工作服與西裝的不協調消失了；強烈感受到銷售員的熱情幹勁；穿著有油汙的工作服的銷售員，因為不怕髒，容易和工人打成一片。

禮儀不應拘於某種形式。

如果訪問的地方是辦公室、家庭等清潔高雅的地方，西裝革履當然很適合。所以要明確銷售的時間、場所和場合，靈活變通，銷售機械零件最好穿工作服，銷售農藥最好穿農作服，這樣就會避免因不協調而引起客戶的反感，從而打下銷售成功的基礎。

與客戶近距離接觸

握手可以說是你與客戶之間的第一個，也可能是最後一個或唯一的身體接觸，你的握手應向對方表達出你的熱情、關切、力量和堅定。而且，握手時間不要太短（這代表你沒興趣），也不宜時間過長（這會使客戶感到不悅）。在握手時要注意與對方保持眼神的交流——密切注視對方。

在向客戶問候時，悅耳的聲音和全神貫注的談話會增加你的成功率，而嘶啞的聲音和懈怠無力的談話則會成為敗筆。聲音是交流中的重要內容，如果是電話銷售，聲音更是至關重要的，因為客戶看不到你，只能憑聲音推斷你這個人及你的信譽。

你與客戶交談的聲音應該溫暖而友好。要牢記，音量小一些要比大嗓門更顯得溫和有禮。改變聲音並不容易，但放低音量卻十分簡單。你要在語氣、語調、語言流暢上多下工夫。說話速度過快或過慢；語氣語調不要一成不變；不要過於高聲或過於輕柔。同時，說話時情緒飽滿也是很重要的。假如你自己說話時都顯得沒有熱情，客戶又怎能動心。

講話習慣對於銷售的成功是十分重要的，聲音模糊不清、措辭不當，甚至帶不雅之詞都會讓客戶留下不愉快的印象。想及時發現自己的這些不足，簡單有效的方法是把聲音錄下來，仔細聽，發現其中的問題。更好的辦法是錄影，這樣就可以全面掌握自己的儀表、風度、舉止、談吐，找出其中缺陷，予以糾正。

有效溝通的技巧

在所有吸引人的性格中，善於與別人交流是一個重要的特點，想想如果一個銷售員結結巴巴的和客戶交流，那將讓對方留下什麼印象？在培養良好的溝通技巧上沒有任何捷徑，只有透過多多練習。

有成效的溝通需要良好的措辭。語彙包括運用合適的詞句並清楚的表達出來。因為談話是銷售員傳遞訊息的主要手段，所以必須確保用語得當並使客戶理解。如果措辭有誤，那就會讓人留下負面印象。措辭有誤不僅導致誤解產生，同時也會使客戶對你的素養和才能表示懷疑。簡單有效的方法是將銷售實況錄製下來。透過親自看、親自聽來增進自己的溝通能力，也可以報名參加培訓班。

同時應該注意幾個要點：

(1) 運用易理解的詞語，一定要保證語言的通俗易懂。用專業術語來使客戶生畏是愚蠢之舉。
(2) 用「您」而不是「我」。站在客戶的角度來談話，而不是自己。
(3) 要簡潔。一定要切中要點，不要漫無邊際的亂說。
(4) 不要重複。如果已講清了某一點，就繼續下去。客戶可不想翻來覆去的聽那些陳詞濫調。
(5) 富於創造性。不要使用別人經常講的話或例子，尋找新的、不同尋常的詞來表達自己的思想。

讀懂客戶的心理

你也許接待過推銷員的登門拜訪吧？或許你曾拒絕過，那麼回想一下你拒絕的理由是什麼？也許你說了「我很忙，沒時間」，或者「我有事要外出了」。那是你真正的理由嗎？

其實不是。客戶的真正心理往往是隱藏起來的。

銷售戲精

面對滿口幹話的奧客，業務內心小劇場大爆發

1、注意警戒

推銷員來訪了。「誰呀？」是個陌生人。「做什麼？」，「是推銷員！」大部分人都不歡迎不速之客。

2、無條件的拒絕

從驚訝和迷惑中醒來，毫無理由，或隨便找個理由，如「忙」、「沒空」等等，讓推銷員吃閉門羹，並不是拒絕商品，而是拒絕陌生面孔——一個素不相識、來路不明的人。

3、具有好奇心、好感或厭惡感

「推銷什麼呢？」，「這人看起來不壞！」，「這人真討厭！」客戶對推銷員的第一印象各不相同。

4、引起興趣

聽完銷售員的說明之後，開始對商品感興趣。

5、引起購買欲

很想得到這商品。「買來試試吧！」

6、掏腰包

衡量自己的經濟狀況，經濟許可，就決定買下了。

如果前三階段順利，便有了百分之九十九的成功希望。

所以銷售員首先要努力：一是解除客戶的警戒心；二是使客戶想聽你說話；三是用誠實打動客戶的心，使客戶產生「這個銷售員不會騙我」的想法。

由此看出，銷售成功與否關鍵在於銷售員本身。如果這個「人」不能引起客戶好感，商品再好也沒用。

識別銷售的三要件

決定商品是否能銷售出去，必備三個條件：

1、對方是否有錢（Money）

即有沒有購買力或籌措資金的能力。尤其是高級商品，如銷售房地產、汽車、大型電器等，在銷售前一定要掌握對方的購買力，否則只是白費力氣，徒勞無功。

2、你所極力說服的對象是否有購買決定權（Authority）

若對方沒有權決定是否購買，那你依然白費口舌。

3、對方是否有購買欲（需求 Need）

如果對方不需要這個商品，即使有錢有權，你如何遊說也無效。

不過，「需求」的彈性很大，除非風馬牛不相及。一般來說，需求是可以被創造的。普通銷售員適應需求，而更高級的銷售員創造需求。

以上所述，便是「M、A、N法則」。其中錢（購買力）是關鍵。至於需求，再沒經驗的銷售員也不會弄錯對象，再者「欲壑難填」，好東西誰都想買。所以，可以說不必認真考慮對方有沒有購買欲。

購買決定權也是相當有彈性的。除非商品太差，不值得一買，否則即使對方沒有權，也會引導你去找有權的人商談。

只有錢是實實在在的，沒錢就是沒錢。你向存款千元、又四處借貸的人銷售汽車，怎麼能成功！你也許會想，要是能一眼看穿對方有多少錢就好了，問題就在一眼很難看穿。人是愛面子的，總有人打腫臉充胖子，明明沒錢，卻要裝出一副有錢的樣子；買不起，卻裝出想買的樣子；明明將來也沒錢，卻說過幾個月再說。那麼，到底怎樣才能看穿對方的購買力呢？這的確是個微妙的問題。只有靠自己不斷累積經驗，培養自己的洞察力。

銷售員要切記「M、A、N法則」，如果無視它，你將常常白費力氣和時間，而時間和力氣就是金錢。浪費時間和力氣，就等於在浪費金錢。

銷售員必備的「三愛」

有人設計了一個遊戲，叫「隔牆有耳」，把三對年輕的未婚夫婦分為兩組，未婚夫一組，未婚妻一組。用一木板牆將兩組隔開，牆上留有三個耳朵大的小孔，女的便把耳朵湊進小孔，由男的指認哪個是自己的未婚妻。令人訝異的是，三個人都能認出自己未婚妻的耳朵。真的是心有靈犀一點通。

這意味著三對未婚夫婦相愛甚深，「愛」使他們聰明、成功。

那麼，銷售員要想一舉命中目標，也必須具備「三愛」。

1、愛你的公司

你選擇這家公司不是因為被人強迫吧？假若是你自己慎重選擇，心甘情願待在該公司，就不能有任何怨言。有人稱銷售員是「孤獨的戰士」，往往是單槍匹馬，背負公司戰旗，代表公司南征北戰，如果對公司沒有一股熱愛之情，希望公司繁榮昌盛，就不會感受到那種努力銷售的充實感、幸福感以及工作的意義。人無完人，每個公司也一樣各有優缺點。重要的是你應去發現和認識公司的優點和魅力。

2、愛你的家

人們常說「愛廠如家」、「愛校如家」。銷售員應把家庭視為一個消除疲勞的休息所，養精蓄銳，以備來日再戰。家和萬事興，而家庭和不和全靠你的「家庭管理」得不得要領。單身者也應實行「自我管理」。生活糜爛會使你精神萎靡，意志薄弱，無法全力以赴的工作；即使有時能克盡職守，也不能圓滿完成任務。

3、愛你的商品

有人總結出「二、二、六原則」，即平均每個公司的銷售員有兩成稱得上專家、佼佼者，兩成不能說符合標準，六成是得過且過。有關專家曾對三百多位銷售員進行調查，發現有六成說自己並不喜歡自己銷售的商品，這正好證明了上述的「原則」。

情人眼裡出西施。深愛公司、家庭、商品的人才能在銷售過程中充滿熱情，才能打動客戶。

當然，在你選擇愛人、公司及其商品時，必須慎重考慮是否值得一愛，如此才能使工作有意義，成績也才能提高。

金錢不是萬能的

金錢並不是萬能的，世界上金錢不能解決的事情很多，但完全不花錢就能解決的事也很少。

一個銷售員幾乎每天要與錢打交道，如何善用金錢是件很重要的事。因此，這裡向每位銷售員或有志於銷售工作的人建議：

1、為自己的能力投資

有個人拜師學習棋藝，別人交給老師兩千元，而他卻交兩萬元，老師知其經濟狀況，勸他不要裝闊，他卻說：「兩萬元是一個月的薪水，花兩萬元學棋我也很痛心，但正因為痛心，我才會珍視學習機會而努力學習。區區一兩千元不會使我心疼，我也會因此而鬆懈學習。」

銷售員每天都在和對手、客戶競爭，無論在體力還是智力上都要戰勝對方。當今社會，知識成倍成長，花錢為自己的能力投資是很必要的，每月花幾百元買書報雜誌、聽課，你就會像學棋者那樣痛心，因而全神貫注的學習。

2、投資信用

銷售員有時銷售的是商品，有時是勞力，不管商品還是勞力都有一定的成本，加上應得到的利潤便是價格。價格的決定要經過一番精心計算，如果算得太高，可能收不到訂單，反之，太低可能沒有什麼利潤可得，甚至賠錢。假若估價太低，又簽約了訂單，那該怎麼辦？反悔將有損於你和公司的信譽，將來這條人際關係就斷了。不反悔又要賠錢。兩難之下，應寧可賠錢。因為，身為一個銷售員，人際關係是生命，信譽是本錢。即使因估價低賠了一些錢（不會太多），可是保住了信譽，將來也可以再賺回來。

3、自己要有積蓄

銷售員天天和錢打交道，若是賺一塊花兩塊的人便非常危險。孟子說過：「無恆產者無恆心。」即一個人沒有一定的積蓄，便可能做出身敗名裂之事，也就是「人窮志短」。

銷售員有了積蓄便無後顧之憂，才能有豁然大度、光明磊落的胸襟，與人接觸時也才能充滿自信，更具贏取客戶好感的魅力。

了解自身的缺點

洗髮乳廣告常有這樣的宣傳：「沒有人不討厭頭皮屑！」於是那些情竇初開的少男少女不禁深有同感，引起購買欲。牙膏廣告也常有這樣的畫面：美麗的少女露齒而笑，男士卻掩鼻轉頭，原來她有口臭。

的確，如果我們和一個滿頭頭皮屑的人在一起，那種汙穢感實在令人難受。如果和一個口臭撲鼻的人促膝而談，即使話語多麼風趣，也會難以入耳。發黃的牙齒、牙縫中塞著餘肉、牙齒上黏著菜屑、汙垢的指甲、耳邊脖頸的汙跡及說起話來口沫橫飛……都不禁令人生厭。

碰到這樣的銷售員，即使商品多麼吸引人，客戶也不得不說：「對不起，我已經買過了。」、「對不起，我現在沒有打算買這些東西。」希望盡快把他打發走。

銷售員第一件事是銷售自己，他要讓人感到「這人不錯」、「這人讓人感到舒服」，然後才能談得上銷售商品。如果對方一看到你就討厭，那麼無論你怎麼口若懸河、滔滔不絕，也無濟於事。

所以，銷售員首先要樹立自己的形象，贏得對方的好感。任何破壞形象、引人厭惡的體臭、汙穢都要努力發現並排除。

銷售員要與形形色色的人接觸，想從接觸中打動客戶，就要隨時檢查自己：

(1) 我有口臭嗎？不要怕丟臉，可請家人或好友鑑定一下，然後再出門。如有口臭就要檢查一下原因，是忘了刷牙，還是腸胃不好。

(2) 我有頭皮屑嗎？照照鏡子便可發現。

(3) 我的指甲剪了嗎？指甲沒剪、手未洗乾淨才會有汙垢。

(4) 我的耳邊、脖頸髒嗎？照照鏡子或用手摸一摸便可知道。

(5) 我說話口沫橫飛嗎？這是令人難堪的壞習慣。要想成功，必須改掉。

人往往對別人的體臭很敏感，而對自己的體臭很遲鈍，甚至毫無感覺。所以，要多注意別人的反應，多檢查自己，就不難發現自己的缺點了。

打造你的個人魅力

所謂魅力就是被周圍人認同、接受，銷售員的魅力在於得到客戶的認可。而銷售員與客戶的接觸時間短暫，要在短時間內打動客戶，這比起任何魅力都困難。俗話說：「文見其人，聽語知人。」為創造這種即刻生效的魅力，銷售員的談吐風度、用字遣詞是極為重要的。銷售員的談吐和應答要注意以下幾點：

(1) 人們總是對那些能和自己的興趣、關心的問題產生共鳴的人抱持好感。

(2) 客戶的職業、嗜好、年齡、人生觀、性格千差萬別，因而其興趣、關心的問題也形形色色。

(3) 銷售員如果不能在與各式各樣的客戶接觸時，讓他們感受你的魅力，那麼商品銷售成功的希望將十分渺茫。

(4) 話題與其求「深」，不如求「廣」，使其內容豐富。

最後一點更為重要。因為接觸時間很短，絕對無法深談。你要在短期間內察言觀色，抓住對方心理，閃電般的引起對方共鳴。

華綸和展達是同一家公司的銷售員。展達性格單純，不擅打扮，以老實可靠取信於客戶，使客戶鬆懈警戒心；而華綸活潑機敏，以能言善道挑起客戶的購買欲，他知識淵博，任何人和他搭上話都可以談得很投緣。

有一次，華綸邀請展達一起去某位客戶的家裡簽訂契約。「百聞不如一見」，展達總算見識了華綸的「話術」。只見他和那位客戶談射擊談得十分熱烈，儼然是一名射擊專家。可交友這麼長時間，還從未聽說過華綸會射擊。

展達事後問他：「沒想到你對射擊這麼在行。」

「不要損我啦，我上次來時看見他家客廳放著一把模型獵槍，還有生存遊戲的照片，便臨時抱佛腳學習的。」

有的同事批評華綸是「道聽途說」、「現買現賣」，可他的成績卻總是名列前茅，而且比展達高得多。

銷售員的魅力來自博聞強記、能言善道，而且與客戶談話只是聊天，並不是以追求真理為目的。

第四章 發現自己的成交客戶

尋找潛在客戶是成交的第一步，在確定你的市場區域後，你就得找到潛在客戶的位置並取得其聯絡方式。如果不知道潛在客戶在哪裡，你該向誰銷售你的產品呢？事實上銷售員的大部分時間都在找潛在客戶。那麼誰就是你的潛在客戶？它具備兩個要素：首先要用得著，或者需要這樣的消費，不是所有的人都需要你的產品，他一定屬於某個具有一定特性的族群。其次是買得起，對於一個想要又掏不出錢的潛在客戶，你付出再多的努力也無法成交。

做一個大師級的探尋者

如果你想獲得更多、擁有更多、銷售更多、爭取更多，那麼，你就應該成為一名探尋大師。尋找潛在客戶來購買產品的過程將成為探尋者的一種生活方式、一種思維方式和一種行事的方式。你應該用安全檢查的態度來看待人和事，總是繃緊一根弦，以便抓住一天裡每一個出現的機會。如果你保持警惕，許多變化都有利於你的業務。如果你的反應非常遲鈍，就會讓別人抓住機會，從而使你失去一筆生意。

要想成為大師級的探尋者，你必須有能力辨別出一個潛在的客戶，不論你是聽到還是看到這個人。最好的辦法就是對你的產品或者服務有一定的了解，知道它們會對你的客戶起什麼樣的反應。一定要記住，你的產品或者服務對於沒有使用過的人來說什麼體會也不會有。你也無法將產品或服務賣給這樣的潛在客戶。許多人的問題不在於不知道怎麼辦，而在於他們不做自己知道應該怎麼辦的事情。

尋找潛在的客戶

銷售過程的第一步驟就是尋找潛在的客戶。

搜尋在銷售中的作用越來越重要。很明顯，如果要進行銷售，一個銷售員必須學會吸引潛在客戶。但是，潛在客戶從何處來？他們會主動送上門嗎？有時候可能是這樣，例如一間零售店的銷售員。但是，對於保險、影印機、機器設備和叢書的銷售人員來講，僅靠等客戶上門幾乎什麼都賣不出去。這些銷售人員必須走出去，主動尋找客戶。

即使在個人能力和外表上有所欠缺，銷售技巧有些問題，且知識比較貧乏，但如果能拜訪到足夠多的潛在客戶，則仍然能獲得一定的銷售額。換一個角度講，如果沒有任何潛在客戶，那麼即使擁有超人的能力、突出的外表、理想的表現和豐富的知識，你也不可能銷售出一件商品。因此，你必須主動找出潛在客戶，這一過程被稱為搜尋。對於一個銷售員而言，尋找客戶就如同過去一個淘金者尋找黃金一樣重要。

潛在客戶是指對產品或服務有所需求或購買欲望的個人或公司。很多有經驗的銷售員認為，尋找到相當數量的潛在客戶是他們工作中非常重要的一部分。「搜尋」不僅增加了銷售商品的機會，而且對於維持一個穩定的銷售量起著極為重要的作用。

所有的銷售人員都會因為時間的推移而失去一些客戶。

那些不持續尋找新客戶的銷售員將發現他們的銷售額與日俱減。搜尋如同操作一座摩天輪。在遊樂園裡，一群人正在排隊等待摩天輪旁。工作人員每隔一段時間停下機器，讓坐在摩天輪上的一些人下去，並讓另外一些人上來。用這種方法可以保證摩天輪始終是滿的。一名好的銷售員必須用類似的方式來不斷尋找新客戶，以替代失去的老客戶。

如果你未能找到充足的新客戶，那麼你將面臨一個類似於摩天輪操作者所要面臨的局面：即允許乘坐者離開，但又不代之以新的乘坐者，最後摩天輪便空空如也。

乘車時不忘收集相關資訊

資訊對於銷售員至關重要，商場如戰場，「知己知彼，百戰不殆」。

據統計，銷售員花在車上的時間約占總活動時間的百分之二十五，如以一個月工作二十二天計算，則一個月有五十五個小時是在往返路上。若交通不便，這時間還會更長。

能夠戰勝敵手的銷售員一定是能戰勝自己疏忽的人，而疏忽，最嚴重的是無視時間的價值。經營者的能力差別在於下班後時間的運用方法，而銷售員的能力差別在於往返時間的運用方法。

那麼，怎麼靈活利用往返時間的空檔以促進銷售呢？

(1) 要習慣於將所見所聞所知與工作做連結；

(2) 考慮如何運用這些情報促進銷售；

(3) 系統而鉅細靡遺的收集情報，甚至是車廂內的廣告、鄰座的談話。

(4) 若所見所聞能益於銷售，哪怕是立於行駛的車中，也要加以記錄，以供日後參考。

銷售員海睿在一家建築公司工作，有一次在車中聽到鄰座的談話：「地已經買了，但不知該找哪家建築公司來興建，這令我傷透腦筋了！」說者無意，聽者有心，海睿便尾隨其下車，確定其是興建私宅，終於做成這筆生意。

有人認為坐在車子裡，正是小憩片刻的機會，可以養足精神到銷售地點從事銷售活動。這並沒有錯。但與其坐在車內漫不經心的看窗外景色、讀無聊報紙、打鼾，或與同事說些不著邊際的廢話，不如去細心觀察，收集資訊，相信對銷售大有助益。

當然，過度疲勞時，利用車廂稍睡片刻也是維持體力的一種竅門。

關於在車上讀書，可以採取以下兩種辦法：

(1) 帶一本和工作有關的書；

(2) 因為一般來說人的緊張情緒和集中注意力的持續時間不會超過三十分鐘，所以你還要帶上一本輕鬆的書，以供調節情緒。

請記住，你若要超越對手，必須充分利用往返時間。

全力以赴，四處留心

假如你在乘夜車，白天已四處奔波，疲憊不堪，可你卻捧起書本，儼然一副好學不倦的樣子，這是極不可取的。

銷售員如果拖著疲倦的腳步去拜訪，在客戶面前連連打哈欠，便注定要銷售失敗。所以為了提高工作效率，睏倦時睡一覺是必要的。

如果你不習慣在車上睡覺，那麼，與其無所事事，不如借機與鄰座攀談，或閉目聽鄰座在聊些什麼。

乘車時，一路到底都看書或睡覺的乘客並不多，總能找到機會打開話匣子。一旦搭上話題，不但有開懷解悶之效，還可以消除疲勞。運氣好的話，說不定可以獲得有價值的資訊，至少，多了解一個人也可多一些生活經驗。

若與鄰座談不來，你可傾聽別人在談什麼。偷聽別人談話雖不光明，但只要不心懷不軌，也不是什麼太大的罪過，因為他們是在公共場所高談闊論。銷售員只要保持「聽者有意」，是可以獲得好資訊的。

即使別人談話與你的工作無直接關係，也可當做他山之石，促己自我反省。

利用公司的資料尋找客戶

搜尋客戶的方法有很多，採用何種方法取決於你所銷售的產品和服務以及所要接觸的客戶類型。你所在的公司是最容易使用的資源，而且它肯定能為你提供幫助。銷售人員應充分利用公司內部的各種資訊、人員和手段：

1、當前客戶

公司的其他部門可能正在向你不知道的一些客戶進行銷售。你可以從這些部門獲得客戶目錄清單以及這些客戶的相關資訊。這些目錄清單可能包括一些以前被你忽略掉的潛在客戶。由於這些客戶是你公司的老主顧，所以非常有理由相信他們會對你提供的商品或服務感興趣。

2、財務部門

公司的財務部門能幫你找到那些不再從公司買東西的舊客戶。如果你能確定他們不再購買的原因，那麼就有機會重新贏得他們。這些舊客戶熟悉你提供的商品或服務，而且公司的財務部門對其信用也表示認可。另外，公司的財務部門可能還存有與這些舊客戶簽定信用合約的各種紀錄。現在正是利用這一資源的大好機會。

3、服務部門

公司服務部門的人員能向你提供新的潛在客戶的資訊。因為他們經常接觸那些從公司購買或維修產品的客戶，因此，他們更容易識別出哪些客戶需要新的產品。專業銷售員要懂得從服務部門的人員身上獲得潛在客戶的相關資訊，並且在他們的幫助下銷售成功時，要給予他們一定的報酬。公司的送貨員也容易發現潛在客戶的需求。最後，別忘了與非競爭對手企業的服務部人員合作。

4、公司廣告

很多公司訂貨增加是因為它們做了大量電視和廣播廣告，或者在報紙雜誌上刊登了許多宣傳，或者在特定區域內寄送了大量優惠卡。人們對這些措施的反應值得我們注意——他們為什麼會有這樣的反應呢？一般而言，有這些反應的人被稱為活躍的潛在客戶。要在你的銷售過程中盡量發揮公司廣告所帶來的好處。

5、展覽會

每年要有成千上萬次展覽會舉行。有汽車展覽、旅遊用品展覽、家具展覽、電腦展覽、服裝展覽、家庭用品展覽等，名目繁多。公司會記下每個到展覽櫃台的參觀者姓名、地址和其他相關資訊。然後把這些資訊交給銷售人員，以便他們進行追蹤聯繫。公司一定要迅速找到並吸引這些潛在客戶，因為展覽會上的其他公司同樣會對這些潛在客戶感興趣。所以你一定要先爭取他們的好感。

6、電話和郵寄導購

很多公司寄出大量的回覆卡片，或是僱人進行電話導購。用這一方法可以獲得大量潛在客戶，而且，幾乎所有公司都適用這個方法。

透過查閱相關資料尋找客戶

對銷售員來說，選定對象是一項關鍵性的工作。要求每一次銷售都能成交是不可能的，但這又不等於說銷售是盲目的。在銷售之前，要對潛在客戶有一個基本認知，適當限定銷售範圍，確定銷售的重點和方向。

那麼，怎樣選定對象呢？必須透過收集市場資訊和查閱相關資料尋找客戶，這也是一種深受銷售人員喜歡的好方法。這種方法最大的特點是方便快捷，可以大大減少銷售工作的盲目性，節省尋找客戶的時間和費用。同時，銷售員還可以利用這種方法，透過各種資料較為詳細的了解客戶的情況，做好登門拜訪的準備。

這種方法在國外非常普及，不少國家都有專門從事職業性名錄彙編的人或企業，有各種名錄出版發行，銷售員查找起來很方便。大致來看，有以下這些途徑：

(1) 電話登記簿。這是比較適用又易於找到的資料，不論小、中、大都市，還是經濟稍微發達的小鎮都有。銷售員可根據自己銷售的產品，翻閱電話簿查找潛在客戶。

(2) 企業法人登記公告。這是工商管理部門定期公布的情報資料，內容涉及企業名稱、地址、法人代表、經濟性質、註冊資金、經營範圍等，是銷售員尋找客戶的理想資料。

(3) 各地編排的《工商企業名錄》、《優質產品名錄》以及市場簡介、資訊報刊等，也都提供了當地企業的基本情況以及供求資訊。各地電台、電視台也都有各自的市場資訊專欄，提供供求資訊等情報資料。

(4) 網路上的企業介紹。資訊時代的到來使許多企業都製作了自己的主頁，銷售員可以上網查詢，獲取自己需要的資料。

在當代，資訊就是財富，資料就是資本。你如果想成為一名高效率的銷售員，必須勤於收集市場情報並分析這些資料，不讓任何一個客戶成為「漏網之魚」。

透過外部資源尋找客戶

除了本公司內的資源以外，公司外還有很多資源可以用來尋找潛在客戶。選擇何種方式取決於你所銷售的商品或服務。

1、其他銷售人員

其他非競爭公司的銷售人員經常可以提供有用的資訊。在接觸他們的客戶時，可能會發現對你產品感興趣的客戶。如果你與其他銷售員打好關係，那麼他們就會將這些資訊告知你。所以銷售員要注意培養這種關係，並在有機會時提供同樣的幫助給他們。

2、社團和組織

你的產品或服務是否只針對某一個特定社會團體，例如：青年人、退休人員、銀行家、廣告商、零售商、律師或藝術家。如果是這樣，那麼這些人可能屬於某個俱樂部或社團組織，因此，它們的名錄將十分有用。

3、報紙和雜誌

只要留意一下宣傳印刷品，就會發現許多潛在客戶的線索。報紙刊登的工廠或商店擴建的新聞對銷售人員很有幫助。在商業雜誌以及其他刊物上，你可以找到更多的商業機會。專業雜誌對於許多產品銷售人員而言有重要意義，銷售員應了解一下本行業的雜誌，並從中尋找潛在客戶的線索。

4、名錄

目前市面上有很多帶有姓名和地址的特殊目錄或數據資料出售，你可以買到需要的名錄。很多行業協會或主管部門有其成員或下屬機構的名錄。

很多商業名錄將公司按照規模、地理位置和商業性質進行分類。這些目錄是你尋找新的潛在客戶的一個絕好出發點。包含公司管理人員姓名和地址、工廠地址、財務資料及其相關產品的大型名錄，在公共圖書館或大學圖書館中都可以找到。像從名錄手冊中獲取資訊一樣，我們現在也可以從電腦中獲取資訊。使用電腦資料庫非常簡單，一旦你進入系統，你只要輸入想要查詢的關鍵字即可。

透過市場諮詢尋找客戶

透過市場諮詢尋找客戶，即銷售員根據銷售品特點提出一定要求，由相關商業性機構、經濟部門、新聞單位等提供銷售對象名單及相關情況，然後再登門洽談。這是現代銷售中常用的方法之一。

如今社會分工越來越細，市場銷售資訊服務出現了專業化趨勢，不少專門提供諮詢服務的機構應運而生。在已開發國家中，市場諮詢服務已行業化、專門化，五花八門的專業諮詢機構和兼營諮詢機構遍及經濟領域，專事收集各種資訊，為各類銷售人員提供有償服務。例如：

1、行業性協會、學會

這些社會團體一般由某方面專家學者組成，本身可以提供專家諮詢，其中有些協會、學會內設有諮詢服務機構，透過這些社會團體，不僅可以得到有價值的客戶資料，而且由於這些社會團體聚集了相同專業或相同興趣愛好者，對某些銷售品很容易提供現成的客戶名單。

2、資訊服務公司

這類公司專職提供市場諮詢服務，服務內容除提供相關客戶資料外，有些還接受委託進行市場調查。這類公司有全民的、集體的，也有個體的。銷售員可以透過這些公司取得客戶資料，甚至準客戶名單。目前不少經營性公司也都兼營諮詢服務，這類公司耳聽目明，也可以作為諮詢對象。

3、經濟活動

許多全國性的經濟活動，如各類展覽會、供貨會、訂貨會、洽談會、諮詢會，以及其他一些與銷售相關的會議，都應設法參加，充分利用機會，進行多方面的諮詢活動。

透過這種方法尋找客戶，可節省銷售時間和費用，對於某些生產資料和工業品的銷售，能取得很好的經濟效果。但用這種方法所取得的間接性資訊，有時不一定準確。

4、新聞機構

新聞機構訊息靈通，不少報社、雜誌社兼職提供市場諮詢服務，如一些報紙、刊物主要刊登國內經濟動向、市場行情、社會需求，或者專門收集和傳播供求資訊，這些報刊的主辦單位是理想的諮詢對象。提供諮詢服務的新聞機構較多，如專業性、行業性的報紙以及相關刊物主辦單位的資訊機構等，皆可提供客戶線索。

透過相關講座尋找客戶

講座是「更聰明的工作，而不是更辛勤的工作」的一個典型例證，它可以用於銷售流程的任何階段。因為你向準客戶和客戶發出的是一個沒有附加義務的邀請，所以探尋會相對容易。那些受邀而來的人肯定已經對講座的主題感興趣，障礙已被清除。一個不常接受面談的人可能會對一次講座產生興趣並覺得很新鮮。

講座能讓你在很短的時間內與很多的人接觸，當你舉辦講座時，你也在提升自己作為一名專業銷售員的形象。講座是一種極為有效的探尋方法，因為它可以讓你同時可面對許多人。

講座可以為我們提供以下作用：

(1) 生成線索——這種類型的講座針對未經遴選的準客戶，可包含更具普遍性的題目。

(2) 接受準客戶——遴選具有共同特點的人，可以進行目的性更強、更具體的推廣。

(3) 介紹具體產品——這些講座可以針對那些有具體需求或興趣的現有客戶和經過遴選的準客戶。

理想情況下，講座的參加者都應該有一些不相同的地方——職業、婚姻、家庭狀況、年齡、平均收入——這些可能是對某種特定產品的需求的預示。

你應該問自己兩個問題：

(1) 在講座中包含不同領域的專業人士會有益嗎？

(2) 我可不可以為參加講座的人準備一些書面資料？

第一個問題的答案是：一次講座的小組成員應該是合適的專家。這意味著包括幾位來自不同領域的專業銷售員。不管這次講座的題目有多複雜，小組成員都應該對其各自領域具備充分的知識，能夠清楚闡明這個題目，並能溝通非專業性的知識。

請外面專家演講另一個好處，就是他們也會邀請自己名單上的客戶參加講座。專家會讓參加者相信這次講座會傳播有益的資訊。

第二個問題的答案是「應該準備」，因為發表資料非常重要。首先，人們會覺得有一個有形的東西告訴他們這次講座的內容。其次，這會促使他們另找時間和你見面，以便針對他們個人的需求和問題進行探討。

透過廣告媒介尋找客戶

廣告媒介傳播法是指銷售人員利用廣告媒介來傳播銷售資訊，尋找準客戶的方法。這種方法之所以被大量運用，是因為銷售人員掌握著大量有成交希望大小不等的可能客戶，由於時間的原因，他只能把寶貴的時間用在最有希望的準客戶身上。透過廣告媒介傳播法，可與所有可能的客戶溝通資訊，並可優先拜訪最先回饋資訊的人。其次，廣告的散發總能帶來新的可能客戶的資訊。

許多企業都是從它們的廣告回饋中獲取新的客戶名單。如不少雜誌的廣告上附有郵資免付的回單，供有興趣進一步了解產品情況的讀者使用。這樣，每一個讀者都可以在其感興趣的產品編號上做個記號，寄回雜誌社，雜誌社將客戶的名單提供給生產企業，企業再將名單提供給相應地區的銷售人員。

廣告媒介傳播的具體形式主要有以下幾種：

1、電話

這是一種方便快捷的形式，有利於掌握現場情況。透過電話尋找客戶的方法，在工業用品的銷售活動中被較廣泛的使用。當然，某些消費品的客戶也可以透過電話來尋找。值得注意的是，利用電話來尋找消費品的準客戶，不適於冷門貨和新產品，一般來說，以常見的、價格通常較市場價格為低的產品為宜。這類產品在電話探詢中易引起客戶的購買欲望。

2、函詢

不少企業為促進產品的銷售，普遍採取了廣告與銷售並舉的銷售策略。銷售人員可以利用本企業開展的各種廣告宣傳活動來促進自己的銷售工作。對於準客戶的函詢，銷售人員應及時進行分析研究，對於那些具有強烈需求，銷售人員又有機會、有能力贏得的客戶，應按其要求及時回信答覆，函郵相關資料，介紹本企業的情況，並安排時間盡快親自上門拜訪。

3、郵薦

即透過廣告信件來尋找客戶。函詢是利用企業廣告的資訊回饋來尋找客戶，而在郵薦這種方法中，銷售人員則是以自己所在企業的名義，直接將所銷售產品的相關資料寄到經過挑選的準客戶那裡。如果郵寄的資料設計合適、文辭得當，而選擇的準客戶又恰好有這種需求，那麼，郵薦也可能帶來直接的交易成果。

透過留心觀察尋找客戶

無論在什麼地方、做什麼事，或和什麼人談話，銷售員都必須留心觀察可能的準客戶。

例如，有一次和兩個企業界人士一起打高爾夫球，這兩個人以前互不認識，其中一位是頗負盛名的商業巨擘，在談話中提到他必須在未來的三個月中，將幾個銷售員和他們的家眷從某地調來。另一名則表示他是一家運務公司的老闆，很樂意幫忙做這件調職搬家的事。結果，他們在娛樂中就圓滿達成了一筆交易。

利用這種方法尋找客戶，關鍵在於培養銷售員自身的職業靈感，一個優秀的銷售員則應該善於尋找客戶。在現實生活裡，時時刻刻都有新聞事件發生，嗅覺敏感的新聞記者總是搶先報導重大新聞。同樣，有心的銷售員隨時隨地都可以找到自己的客戶。

一位汽車銷售員整天開著新汽車在街道上轉來轉去，尋找舊汽車。當他發現一輛舊汽車時，就透過電話和該汽車的主人聯絡，並把舊汽車的主人視為準客戶。

一位人壽保險代理很善於察言觀色，有一次，他與其他銷售員共進午餐，旁邊有一位老人滔滔不絕的談論他的孫子，十分得意。這位人壽保險代理認為這位老人很可能為其孫子購買人壽保險單，從而把他列入準客戶名單。

許多銷售員也會用個人觀察法尋找客戶。例如，修理腳踏車的人留心騎腳踏車的人、修鞋工人注意行人的雙腳等等。

在利用個人觀察法尋找客戶時，銷售員要積極主動，既要用眼，又要用耳，更要用心。在觀察的同時，運用邏輯推理。例如一位辦公家具銷售員，每天夜深人靜時，在大街上四處徘徊，觀察還有誰仍在辦公室裡工作，並記下深夜亮燈的門牌號碼，翌日便登門拜訪，建議主人添置一套辦公家具，在家裡設置第二辦公室。

從書報雜誌、廣播電視節目裡，銷售員也可以找到自己的客戶。各種報刊雜誌的分類廣告就是銷售員尋找客戶的引子。

另外，有些引子並不這樣明顯，而要求銷售員具備敏銳的洞察力。現代經濟活動是一個錯綜複雜的過程，這個過程的每一個階段和每一個層面都是相互連結的系統整體。現代的消費活動也十分複雜，各種消費活動之間存在著不可分割的關係。

現代生產和消費需求本身的相互連結，為銷售員提供了許多客戶引子的啟示。一種新產品問世，往往會替其他產品開闢市場。因此，只要銷售員善於觀察和思考，就會從自己所見所聞中，各種看似毫不相關的訊息裡找到潛在的客戶。

尋找有影響力的人物

在與有影響力的中心人物第一次交談時，你需要做的就是讓對方留下一定的印象，這種印象可以激發對方去認識你、喜歡你和相信你的感覺。而這種感覺在培育一種互惠、雙贏的關係中不可或缺。

比如，你用利益宣言回答說：「我幫助人們創造長期性財富，同時為他們所愛的人提供直接財務保障。」現在這個人看著你，似乎覺得不可思議，「真巧，我太太和我最近剛談到我們在這方面做得比較少，因而需要多做點什麼。說到底，我們一直都在勤奮工作，但我們卻沒有為將來考慮任何財務計畫，沒為以後的日子做點什麼。我們需要馬上和像你這樣的人談一談。」

我們承認這個誘惑太吸引人了，因為我們只是普通人。在這個時候，你心裡每一部分都想大聲喊出「Yes！」但不幸的是，那並不是我們所要的回應。儘管當場敲定和這個人或其配偶約見的念頭非常誘人，但你必須意識到這個人還沒有做任何準備。那種認識你、喜歡你、相信你的舞台還沒有搭建好。

這時，你要做的就是「詢問」。你的問題應該是有開放式結尾、讓他們感覺良好的問題。你可能非常熟悉開放式結尾的問題：即它不是簡單回答「是」與「不是」，而是需要較長答案的問題。

一位在電視行業開始自己事業生涯的主持人說：「現在，我對自己說，『這可是加入廣告的絕佳時機！』但是，我聽到製片人在耳機裡大吼，『拉長，拉長……你還剩下兩分四十五秒！』這太難了！不過它教會了我，如果想度過這三分鐘的直播訪談，我就必須學會如何問一些能讓我的客戶開口而且會暢所欲言說下去的問題。」

這位主持人所下的決心就是向專家學習。一個很不錯的想法就是看一些頂尖訪談者的節目，不管你個人是否喜歡他們，他們確實知道如何提出那些讓人們開口的問題。

利用客戶連鎖反應

銷售員可以請求現有客戶介紹未來可能的準客戶。這種方法要求銷售員設法從每一次銷售談話中弄到其他客戶的名單，為下一次銷售訪問做準備。

在西方，絕大多數銷售員都善於使用這種方法，能夠從與自己交談的每一個人那裡弄到兩三名可能的準客戶名單。但臺灣有許多銷售員只知道抓住眼前的客戶，卻不知道讓現有客戶推薦幾位未來的客戶，這不能不說是一種損失。

這種方法可以分為間接介紹和直接介紹兩種方式。所謂間接介紹，就是銷售員在現有客戶的交際範圍裡尋找新的客戶。一般說來，人際交往和聯絡總以某種共同興趣或共同需求為紐帶。某一個交際圈的所有人可能都具有某種共同的消費需求，可能是一大類客戶。因此，銷售員從現有客戶的各種交際活動中也可以間接找到自己的客戶。所謂直接介紹，就是透過現有客戶的關係，直接介紹與其有關的新客戶，這就是最常用的一種方式。

採用以上方法尋找新客戶，關鍵要銷售員取信於現有客戶，也就是要培養最基本的客戶。銷售員只有成功把自己的銷售人格和自己所銷售的商品銷售給現有客戶，使現有客戶感到滿意，才有可能從現有客戶那裡得到未來客戶的名單。只要銷售員意識到這一點，樹立全心全意為客戶服務的觀點，想方設法解決客戶的實際問題，就能夠真正贏得現有客戶的信任，從而取得源源不斷的新客戶名單。如果銷售員急於求成，失信於現有客戶，那麼現有客戶就難於從命，不敢或不願繼續介紹新的客戶，這也是理所當然的現象。

第五章 接近自己的成交客戶

銷售是企業決勝市場的決定力量，而接近客戶是最後成交的第一步。在實際銷售過程中，很多銷售員認為客戶難以接近，無法贏得面談機會，更談不上建立融洽的關係。跨國公司銷售團隊中業績最突出的銷售員，年銷售業績可能是國內中型企業的年銷售總額。這裡就存在著如何接近客戶，繼而贏得訂單的祕訣。只有懂得怎樣接近自己的客戶，才能贏得面談機會以及營造輕鬆的洽談環境。銷售員只有掌握了接近客戶的相關技巧，才能為最終的成交奠定堅實的基礎。

做好接近客戶的準備

接近準備工作的過程，就是進一步了解銷售對象的過程。正所謂未雨綢繆，不打無準備之仗。接近準備工作和選擇銷售對象一樣，是銷售工作中不可缺少的重要環節。

1、做好接近準備工作有利於制定接近目標客戶的策略

並非所有的客戶都能用同一種方法和技巧去接近，因為客觀上存在著人們的個體差異，有人性格溫和，很容易親近；有人則較嚴肅，很難親近；有人喜歡直截了當的談生意，另一些人則喜歡採取

迂迴戰術；有人十分珍惜時間，有人則對時間無所謂。在對待恭維上，有人欣賞，有人討厭；言辭上，有人尖刻、激烈，有人含蓄、緩和等等。只有進行充分的前期準備，才能發現這些因素的諸多差異性，並以此為依據，制定各種接近客戶的策略和技巧。

2、做好接近客戶的準備工作有助於進一步審查準客戶的資格

經過初步的客戶資格審查之後，銷售員基本已認定某些人或組織是自己的準客戶，但這種認定有時可能不會成為事實，因為真正的準客戶要受其購買能力、購買決策權、是否已經成為同種商品其他銷售員的客戶，或可能已擁有所銷售商品等種種因素的制約。這些限制都要求銷售員必須進一步審查準客戶的資格，而這項任務必須在接受客戶之前的準備工作中完成，以避免接近客戶時的盲目行為。

3、做好接近客戶的準備工作可以有效減少銷售工作中的失誤

銷售人員的工作是與人打交道，要面對個性各異的潛在客戶，為此，銷售人員必須注意順從客戶的要求，投其所好，避其所惡。而要在這些方面做得恰如其分，就必須認真做好接近的準備工作，充分了解準客戶的個性、習慣、愛好、厭惡、生理缺陷等，以免造成誤解而導致工作的失誤。

4、做好接近準備工作有助於銷售面談的成功

銷售成功與否，面談是關鍵。在實際銷售工作中，銷售員不能把所有的人都看成是自己的準客戶，也不能以同一種方式面對所有的客戶，更不能以同一模式與所有的客戶進行面談。呆板的、固定的銷售模式是沒有前途的，而靈活的、因人而異的銷售方式和面談形式則可促成面談的成功。這就要求銷售員在正式面談之前，透過認真的準備工作，對準客戶進行深入、細緻的了解，明確客戶重視產品的哪些特性，在成本與功能的選擇上對哪一個更感興趣，客戶的購買動機對於銷售人員的說服方式可能帶來哪些影響等。這樣，銷售人員可以更為全面、具體的了解客戶的相關情況，從而制定出切實可行的面談計畫，促進面談的成功。

做好接近準備工作可以增強銷售人員的自信心，開展主動的銷售活動。知己知彼，方可百戰不殆。對潛在客戶一無所知的銷售人員往往缺乏約見與接近客戶的勇氣；即使有勇氣，也不會有佳績。因為對準客戶的情況知之太少，在銷售過程中往往會將自己置於窘境，窮於應付，甚至冒犯客戶。而當對客戶各方面情況都有了充分的了解之後，銷售人員便可以胸有成竹的面對各式各樣的準客戶。而客戶一旦接受了銷售人員，繼而受銷售人員自信心的感染，也會逐步接受其所銷售的產品，這就取得了銷售的主動性。

接近準備工作的內容，根據準客戶的性質，可以將其分成個人客戶、組織（或團體）客戶和現有客戶三種類型，他們的情況不同，相應的接近準備工作也不同。

對客戶自我介紹

在一般情況下，銷售員應採用自我介紹接近法。在正式接近客戶時，除了進行必要的口頭自我介紹之外，銷售員還應主動出示銷售介紹信、身分證及其他相關證件。在目前的銷售環境裡，銷售員必須隨身攜帶各種銷售身分證件。尤其是接近無具體訪問對象的團體客戶，或者是第一次接近準客戶，更少不了上述證件。否則容易遭到客戶的拒絕，客戶覺得此人來歷不明，易於心起疑雲，造成不利的銷售氣氛。

一般來說，銷售介紹信只對公司而不對個人，而且銷售證件要重複使用，不可能交給每一位客戶留存。因此，為了加深客戶印象，發展人際關係，便於進一步聯絡，必要時，銷售員還應遞上名片。接近客戶時遞上名片，可以收到書面自我介紹的效果。在名片上，客戶可以了解銷售員，銷售商品及其代表企業的相關情況。

關於名片的使用問題，現時有許多不同的看法，有人認為，接近客戶時，銷售員應先行自我介紹，雙手呈遞名片，這樣既符合銷售禮儀，又可以讓客戶留下比較深刻的印象。

有人認為，在可能的情況下，最好是在告別時而不是在接近時投遞名片。因為在約見時，銷售員已經做過必要的自我介紹，彼此事先已有所了解，臨別時留下名片，只是為了便於日後的聯絡。至於能否讓客戶留下深刻印象，那就全憑銷售員的說服能力和交際技巧了，與名片的遞否無緊密關係。

有人主張，銷售員接近客戶時，除非客戶已先遞名片或者客戶索取名片，否則，根本不必使用名片。因為接近的目的，在於引起客戶的注意和興趣，順利轉入面談階段。如果銷售員急於投遞名片，有些客戶便會私下玩弄名片，或翻轉，或折疊，或盯著名片思考其他問題，這樣容易轉移客戶的注意力，不利於達到原來的目的。因此，許多銷售員寧可暫時不遞名片，全憑三寸不爛之舌先行自我介紹，強化客戶的印象。

當然，銷售員應否投遞名片，什麼時候投遞比較適當，這要視具體情況而定，不存在一個固定的模式。銷售員接近客戶，適時遞上一張精美的名片，能消除客戶的緊張情緒，迅速縮短雙方的距離，加強相互了解，避免不必要的誤會，引起客戶的注意和興趣，加深其印象。西方銷售學家還認為，如果銷售員所代表的公司很有名氣，在客戶心中已占有相當的位置和分量，在接近時使用名片還是比較明智的做法。

以客戶利益為突破口

人都有自利的天性，沒有人不關心自己的利益。因此，在你開展覽售活動的過程，千萬不要忘了告訴你的客戶他們將因購買的產品或服務所能得到的利益，這一點非常重要。事實上，它應當成為你每一次銷售的核心——說服話術的核心。銷售是一種說話的藝術，可以比較一下「不妨全家人在一起吃個牛排歡度週末」與「這是最高級的牛排」，哪種說法更親切？當然是第一種。

同樣一件事卻有兩種銷售方式：一是這種傳真機速度很快，傳一頁文件只要十二秒；二是市內電話每一張節省a元、長途電話節省b元。很明顯，第二種銷售話術比第一種銷售話術要好。

某電器公司曾經有過這樣一件事：

客戶問：「哪個冰箱好？」

銷售員說：「我建議您買較大的，夏天可以放很多溼毛巾，拿出來給家人用一定很受歡迎。還有，您可以將您先生的浴袍用塑膠袋包好放進去冰鎮，效果很好哦！您先生一定會非常感謝您。」

客戶：「是嗎？那我買這個好了。」

毫無疑問，每種商品都只能在用了之後方顯出其價值。只針對商品的說明，不會得到太大的效果。因為客戶考慮的是商品對自己有何幫助。對此，銷售員不能夠針對商品進行泛泛之談，而應該以客戶所希望得到的某種利益為中心，對商品的價值進行說明，從而更有效的說服客戶。

利用聊天拉近與客戶間的距離

可以說，很多銷售員在接近客戶時都試圖與客戶拉近關係，打成一片。拉近客戶關係肯定比疏遠客戶更有利於銷售，這一點毫無疑問。但是如何才能拉近客戶關係呢？很多銷售員擁有十分充實的專業知識，卻無法很快的與客戶融合在一起，在客戶的眼中只不過是個欠缺溝通能力的悶葫蘆。這樣下去顯然無法順利達成交易。拉近客戶關係的最好方法就是找客戶聊天，但是聊天並不是毫無目的的閒聊，而是有原則與方向要遵守的，這個原則就是利用聊天作為銷售的引子，將所要談的主題在不知不覺中引導到談話中來。

實際上，聊天對於銷售的意義正是將「有形」化於「無形」之中，促使客戶在不知不覺中接受你的觀念而達到銷售產品的目的，這是最容易達到目標的方法之一。但其中最大的問題是不容易隱藏自己的銷售意念，所以需要加以練習，將銷售用語化為一般的日常言辭。只要能夠不讓別人覺得這是銷售的語言，就算是成功了。當然，這只是一個整體上的要求。具體而言，銷售員還必須掌握足夠的技巧及各種可以聊天的話題。一般而言，有兩類話題是比較重要的談話資料，即時事新聞和政策性的議題。

很多人都關心新聞，你的客戶顯然也可能是個非常關心新聞的人。因此，適當掌握時代的資訊是有必要的，不僅能和客戶搭起溝通的橋梁，也可以掌握客戶的習慣和他對社會現況的看法。

不過，值得注意的是，在與客戶聊天時，個人的宗教信仰和政治立場是要謹慎對待的話題，因為這兩者都是屬於主觀自我意識的認定，並不容易由單一事件去推論其中的對與錯。遇到此類話題時最好迅速的跳過，也不要有結論，反正盡量附和客戶就是了。

總之，聊天是拉近與客戶關係的有效手段，只要所談話題符合客戶的想法，就能向著成功銷售大大前進一步。

學習並掌握接近客戶的技巧

現實生活中，很多銷售員都不大情願和陌生客戶交往，而更多的傾向於與熟悉的客戶進行業務聯絡。這是人之常情，任何人都有過類似的經驗。在銷售技巧中，如何面對初訪客戶的技巧極受重視，其目的不外乎希望能讓客戶留下良好的印象，使將來能夠達到成交的目的。對此，銷售員一定要特別重視，並努力研究各種初訪客戶的技巧，以使自己的銷售工作更加順利。

1、多收集客戶的基本資料

為了更好的了解客戶的多種情況，你應當多備些資料。從客戶的基本資料中可以得知客戶的需求方向，這是任何一位銷售人員都必須具備的銷售敏感力。只要客戶有需求，自然可以針對所需提供合適的商品，所以盡量在初訪過程中收集客戶的資料十分重要。其中包括的範圍相當廣，如工作、職位、學歷、家庭、興趣、娛樂、運動專長等，有時候連生日、嗜好等一些小問題都可能是銷售成功的關鍵。

2、認真解答客戶的疑問

不要認為客戶的疑問是對你的不信任或者缺乏購買興趣，事實剛好相反。實際上，正是客戶對商品有興趣才會願意針對商品提出疑問。在解答客戶的問題時，銷售員同樣要講究技巧。一般而言，客戶的問題可區分為「可以從容應付的問題」以及「無法回答的問題」兩大類。

假如沒有準備好或者根本不了解客戶提出的問題時，銷售員的應變能力就顯得非常重要。不恰當的反應很可能會使你失去唾手可得的交易。

一般來說，這個時候最好的應對方法就是轉移話題，以問題內容十分複雜，必須收集相關資料才能完整答覆為由，或是直接跳過問題不答而以反客為主的方式反問其他的問題。以上方法的主要目的是為了爭取時間，讓你回去查閱資料，完整的向客戶提供答案。

3、確保提供的產品符合客戶的需求

有需求才有購買行為，成功的接近應當以客戶需求的產品為基礎。需求是購買的第一要素，如果客戶的需求和銷售員的建議一致，成交的可能性就會很高。銷售員若能掌握客戶的需求狀況，就可以獲得客戶的訂單，就算尚未成交，最起碼也可以有效提高客戶和銷售員之間的默契，對於成交自然有所幫助。

4、以軟性詢問代替強勢銷售

假如你所銷售的產品知名度很高，用強勢銷售的話語接近客戶或許不會造成太大的妨礙，但建議你還是以詢問的方式為好，尤其是初次接觸時。例如，某些報紙的銷售人員為了增加報紙的發行數量，突破傳統的銷售方式，直接以親切客氣的電話訪問獲得客戶的認同，同樣也可以得到不錯的銷售成績。在某些商品的銷售中，銷售者可以在不斷的詢問過程中了解客戶的需求以及商品的市場需求，並針對商品的銷售點加以改良，提高銷售業績。因此採用詢問式的銷售話語，對於初次見面的客戶較為有利，可以廣泛使用。

5、初次拜訪應當建立起客戶對產品的信心

在大多數情況下，銷售員初次拜訪客戶往往不可能成功交易，一次約見就成功交易的情況少之又少，因此，銷售員應當致力於建立客戶對產品的信心，以使其留下深刻印象，為日後的成交鋪平道路。

另外，即使初次拜訪客戶就有可能成功交易，也必須建立客戶對產品的信心，這是其下決心購買的前提條件。因此，在和客戶進行第一次接觸時，必須準備充足的資料，令他由信任公司到信賴商品，才能逐漸拉近銷售與消費之間的認知落差，有效掌握銷售賣點，更容易達到銷售目標。

6、不要停留過久

在初次拜訪客戶時，過久的停留往往會引起很多不便，這一點銷售員應當切記。事實上，在雙方尚未達成共識前，過長的拜訪時間並不容易找到共同的話題，反而會因為拜訪時間太久而影響客戶的作息或工作，引起客戶的不悅或者衍生出許多不利於產品銷售的問題。因此，有句話叫「見好就收」，初次面談的目的在於給客戶留下好的印象，只要給予客戶基本的認知就該起身告辭，暫時留下一些議題作為將來再訪的藉口才是最好的策略。

當好客戶的傾訴對象

每一個人都希望有自己的聽眾，希望有人聽自己傾訴，客戶同樣也不例外。傾訴是一種典型的攻心策略，一個不懂得傾訴，只是滔滔不絕、誇誇其談的銷售員，不僅無法得知相關客戶的各種資訊，還會引起客戶的反感，最終導致銷售失敗。無論怎樣，每個銷售員都應當切記，在客戶興高采烈的談論時，你最好做一名忠實的聽眾。當你這麼做的時候，你會發現客戶已大大提高了對你的認同。

英宇是一家天然食品公司的銷售員。一天，他還是一如往常，把蘆薈精的功效告訴客戶，對方同樣表示沒有多大興趣。英宇內心嘀咕：「今天又無功而返了。」當英宇正準備向對方告辭時，突然看到陽台上擺著一盆美麗的盆栽，上面種著紫色的植物。英宇於是請教對方說：「好漂亮的盆栽呀！平常似乎很少見到。」

「確實很罕見。這種植物叫嘉德麗雅，屬於蘭花的一種。它的美，在於那種優雅的風情。」

「的確如此。會不會很貴呢？」

「很昂貴。光這樣一小盆就要四千元呢！」

銷售戲精

面對滿口幹話的奧客，業務內心小劇場大爆發

「什麼？四千元……」

英宇心裡想：「蘆薈精也是四千元，大概有希望成交。」於是慢慢把話題轉入重點：「每天都要澆水嗎？」

「是的，每天都要很細心養育。」

「那麼，這盆花也算是家中一分子囉？」

這位家庭主婦覺得英宇真是有心人，於是開始傾囊傳授所有關於蘭花的學問，而英宇也聚精會神的聽著。

一刻鐘以後，英宇很自然的把方才心裡所想的事情提出來：「太太，您這麼喜歡蘭花，您一定對植物很有研究，您是一個高雅的人。同時您肯定也知道植物帶給人類的種種好處，帶給您溫馨、健康和喜悅。我們的天然食品正是從植物裡提取的精華，是純粹的綠色食品。太太，今天就當做買一盆蘭花，把天然食品買下來吧！」

結果這次對方爽快的答應下來。她一邊打開錢包，一邊還說道：「即使是我丈夫，也不願聽我嘀嘀咕咕講這麼多；而你卻願意聽我說，甚至能夠理解我這番話。希望改天再來聽我談蘭花，好嗎？」

這一結果出人意料，但還在情理之外。實際上，只要你能博得客戶的歡心，你的銷售往往就會柳暗花明，甚至在你毫無準備的情況下驟然成交。討客戶歡心有許多方法，傾聽對方談話就是一種，而且是非常有效的一種。銷售員對此應當有深刻的認知並付諸實踐。

積極採納客戶的意見

在銷售工作中，常常會聽到許多客戶對你的商品的意見、評價、要求等方面的話，對此，我們所採取的態度與銷售工作有著緊密直接的關係。誠懇接受客戶提出的批評意見是一個好銷售員必不可少的素養，這會讓客戶覺得你是個誠實的人，從而信任你所銷售的商品並放心的買下來。

相反，如果你聽到客戶有關你的商品的批評意見，你就極力推卸責任，並硬要把自己的商品說得天花亂墜，甚至稱為天下最好的商品，這樣，你就會在客戶心中留下自誇、輕浮、狡猾的印象。而這個印象將會迅速澆滅在客戶心中剛燃起的一點點購買欲望。

在與客戶的交談中，你必須時刻表示出向客戶學習、虛心接受客戶提出的意見的態度。只有這樣，客戶才會覺得你是個易接近的人，雙方才能慢慢在商品的銷售中找到共同的話題並達成共識，這樣就容易成交了。

有時，當你向客戶銷售商品時，客戶會告訴你一些合理的、有用的或最新的資訊，此時你要立即加以肯定，同意他的觀點，並感謝他為你提出這麼好的意見或資訊。

比如說，當你在銷售一種健康食品時，由於健康食品還沒有完全被大家接受，客戶心裡也沒底，不知到底有效無效，這時有位阿姨過來說：「聽我鄰居說，這種健康食品是新出的，對老年人的心臟病有很好的效果。他以前經常發作，現在吃了這種健康食品後感覺好多了，我便來看看，想試試對我的這個毛病的效果如何。」你這時應立即附和說：「對呀，這種健康食品確實很靈，對老年人的身體大有益處，只是現在還不為大家所熟知，您試試吧。」這不僅能促成與對方的交易，而且也會極大安定其他客戶的心理，因為這位阿姨也是一位客戶，聽了她的話，其他客戶能不放心嗎？

當客戶提供一些你需要的資訊時，你應該表示感謝。「這些不正是我整天想要得到的東西嗎」，「您告訴我的對我真是很有用」，「我怎麼就沒想到是這樣呢」，「你的一番話真是令我受益匪淺啊，謝謝你」，這些話都能使客戶覺得你是個很重情義的人，進而對你的商品感到放心。在此之後你向他講解、說明商品時，他定會仔細聽你講，這代表他已向你的銷售邁開了十分重要的一步，為你後面的銷售工作鋪下了一條堅實的道路。

贏得客戶的信任

當你以一個陌生人的身分向客戶銷售商品時，客戶開始當然是懷著半信半疑的態度來看待你的商品。從這時起，你就應致力於溝通客戶的心，讓客戶覺得你是個與他志趣相投的好夥伴，逐漸贏得他的信任，消除他的疑慮，最後完全信任你，交易也就能夠順利完成了。

要博取素不相識客戶的信任是一件既複雜又困難的事情，加上自己要在很短的銷售時間裡得到對方的信任，更是一件不容易的事。但是你要知道，他既然來看你的商品，就說明他對你的商品感興趣，至少沒有厭煩。只要抓住你們在這一點上的共識，大家都有一個共同的目標，其他一切都好商量了。在這個基礎上找到突破口，投其所好，對他講的一些有道理的東西加以附合，並不時以自己的語言表達他的意思，漸漸的，他就會覺得你們在一些問題上是有共同語言或在某些方面有許多共同之處。

於是，他便慢慢靠近你了，不再像開始時那樣存有很多的顧慮和不信任感。此時，你應趁熱打鐵，向他介紹你的商品，並留給他適當的思考、想像空間。當他提問題時，以老朋友、知心人的語氣為他解惑。當他對某些方面還有疑問時，應主動詳細向他介紹，並逐步排除他的一切疑問。

在實際的銷售過程中，往往可根據你所銷售的商品及客戶的心理略施小技，以便很快博得客戶的信任，並對你的商品留下了深刻的印象，這樣將對你的銷售帶來很大的益處。

例如，帶你的客戶觀看一幢房子時，你就可根據他想買又有點猶豫，不買又捨不得的心理，對他說：「這房子確實不錯吧？我也覺得不錯，而且這兩個月以來，曾有不少人跟我提起這房子，他們也都說房子不錯。只是有的人想買又一時掏不出錢；有的人說他要從舊居搬到這來，但現在舊屋一時又出不了手，只好等舊房子找到主人後再談這件事。還有，我的一個親戚也想找個合適的新居，把兒子的婚事辦完，但後來由於兒子的女朋友突然被派去國外出差，因此買房子的事也就暫且擱在一邊了。如果您覺得滿意，我願以給我親戚的價錢把這房子轉讓給你，您看怎麼樣？不過，在這項交易成功之後，還請您務必替我保密。」

如此這樣一段話，怎能不打動客戶的心，讓客戶很快的信任你，並覺得應該即刻買下房子，否則會被別人買走的。

在這個小小的技巧裡，最重要的就是要了解客戶的心理活動，知道他為什麼會對這筆交易猶豫不決，左右搖擺，他在哪些方面還沒完全放心。這時，你就可以對症下藥，讓他吃幾顆「定心丸」。再適當給他一點刺激，比如上面說「曾有不少人跟我提起這房子」讓他感到如若現在不買，以後就難有機會了。

那麼，如何掌握客戶的心理呢？這不是件容易的事，需根據客戶的表情、問話再加上你提出些有針對性的問題，看他的反應如何，綜合交易的實際情況和你實踐中的一些經驗，透過間接的方式來多方了解客戶的心理。

在你摸清客戶的心理之後，你就要以最快的速度對它做一番細緻的剖析，分析他現在最主要的問題在哪，找出癥結點，這樣問題就迎刃而解了。

抓住客戶的競爭心理

人的競爭心理是天生就具有的，「水往低處流，人往高處走」就是很好的印證。同樣，在購買商品時，客戶也有競爭意識，雖然不太強烈，但只要掌握好它，並恰當的利用這種競爭意識，也一定能收到較好的銷售效果。

假如你在銷售一本關於人生方面的書時，一位老年客戶走過來了。你的銷售就該開始了：「阿公，您看看這本書，這可是一本關於人生方面的難得的好書呀，作者是一位對社會、人生等頗有研究的學術界的前輩，這本書是他多年研究成果的精華薈萃而成。在這本書裡，作者以自己豐富的人生閱歷和對人生、社會的獨到見解為主，博取眾家之長，熔各家之優點於一爐，形成自己獨特的風格，對人生的剖析可謂非常深刻。」

待客戶拿起書來瀏覽時，你應更進一步的向他介紹：「這書不但內容充實，有很強的可讀性，而且作者文筆也不凡。你看，他的語言多簡潔，讓人讀來一目了然。就是那種很抽象的東西，經作者的筆寫出來，也讓人心領神會了。這麼好的內容再搭配如此曼妙的語言，實在是一本難得的好書啊！」

當觀察到客戶對這本書確實有點欣賞後，立即乘勝追擊。

「現在的年輕人閱歷還太淺，他們中的許多人還不理解人生是什麼。還沒真正體會到人生的價值。因此，他們看這種書時覺得索然無味，我也向他們介紹過這本書，他們沒有這種親身經歷，當然對書中的一些哲理性較深或從人生道路中提取出來的一些名言無法有太深的體會，也不可能產生心靈的共鳴。而像您這樣具有豐富人生經驗，親身體會過什麼是人生的人，看這書時一定會有更多更深的感受，其中有許多東西也是值得細細品味的，而在品味之後，您得到的便是對人生更深一層的認識，是對您心靈的一種昇華。」

這種利用客戶競爭心理的技巧，在實際銷售過程中的應用極廣，並且也是很奏效的一種方法。它將會為你的銷售工作帶來很大的好處，使你的工作順利進行。

比如當你向青年人銷售商品時，就可抓住年輕人的心理狀態，告訴他「這種商品最適合年輕人，現在有些老年人的思想跟不上年輕人的心，他們不理解現在的社會，因此無法接受一些新興事物。就像這種商品，應該是屬於年輕人的，它將為您的生活帶來蓬勃向上的青春氣息和現代生活的快節奏感，您可以從中感受到多彩的世界，激發您的向上意識，有時甚至能得到一些生活的靈感。」

依照不同的對象，分析他們不同於其他人的地方，改變談話的內容，讓客戶覺得你了解他們的想法，並把最好的商品銷售給他們，他們就會很愉快的接受你的商品了。

除此之外，利用客戶競爭心理的方法能刺激客戶對商品的占有欲，使客戶在不知不覺中認為眼下用不到的東西也值得買下來。

注意強調購買的最佳時機

買東西和做其他事情一樣，也有個時機問題，就像辦事情一樣，如若能把握住時機，掌握準確並不失時機的按你的計畫進行，那麼一定能很順利、很安穩的辦好事情。因此，在銷售過程中，也要注意強調購買的最佳時機，使客戶感覺如果現在不買，將來可能會後悔的。這樣，即使是客戶當下不需要的商品，也可能先把它買回家再說。

在你強調購買的最佳時機時，必須向客戶介紹當今這種商品在市場上的行情，生產這種商品的廠商的情況及客戶對這種商品的需求方面的情況，讓客戶覺得你說得有理有據、這是透過分析大量資訊而得出的結論，否則，客戶很難相信你說的最佳時機。

某化妝品公司剛生產了一款最新粉底液，而且持妝效果確實不錯，美美應徵當了這家公司的化妝品銷售員。在他大致了解了一些關於粉底液的性質、效果及市場行情之後，便開始了他的銷售工作。

這時，有客戶便來看他銷售的商品，當然，由於是新品，還不敢肯定這種粉底液的妝效，只是在電視、網路上的廣告和評論大概掌握一些資訊。美美說：「這款粉底液是本公司的最新產品。由於持妝效果不錯，剛投入市場便受到了專家和眾多網美的普遍好評。對於遮瑕也有很好的效果……現在本公司已經收到了許多使用者的正面回饋和五星好評，他們都充分肯定了這款粉底液的妝效。」

用這段話，首先把客戶吸引住，然後再向他強調現在就應抓住時機購買：「現在才剛上市，我們還有買三送一的活動，且它剛上市就能收到如此高的評價，您說能保它以後不會被仿冒商品衝擊嗎？現在哪種東西打響了名號，就會立即冒出許多仿製的同款商品出來，到時，您就真假難辨，再買也買不到這麼佛心價的化妝品了。」到此，客戶還有什麼可猶豫的？

透過他人介紹法接近客戶

在可能的情況下，銷售員也可以經過他人介紹而接近客戶。在現實生活中，每一個人都要按照自己的意願，以自己的方式接近他人，形成一定的接近圈。處在接近圈內的人們彼此間較能理解，具有良好的人際關係，彼此間比較容易接近。在人類社會裡，孤獨一人是難以生存的，人與人之間必須要有互動，彼此接近。接近就是一種人際交往活動，就是一種社會聯絡。接近圈正是社會聯絡的具體表現。

他人介紹接近法的主要方式是信函介紹、電話介紹、當面介紹等。接近時，銷售員只須交給客戶一張便條、一封信、一張介紹卡或一張介紹人名片，或者只要介紹人的一句話或一通電話，便可以輕鬆接近客戶。

一般說來，介紹人與客戶之間的關係越密切，介紹的作用就越大，銷售員也就越容易達到接近客戶的目的。介紹人向客戶推薦的方式和內容，對接近客戶甚至商品成交都有直接的影響。因此，銷售員應設法摸清並打進客戶的接近圈，盡量爭取相關人士的介紹和推薦。但是，銷售員必須尊重相關人士的意願，切不可勉為其難，更不能欺世盜名，招搖撞騙。

他人介紹接近法也有一些局限性。由於他人介紹，銷售員很快置身於客戶的接近圈內，第一次見面就成了熟人，客戶幾乎無法拒絕銷售員的接近。這種接近法是比較省力和容易奏效的，但不可加以濫用。因為客戶出於人情難卻而接見銷售員，並不一定真正對銷售品感興趣，甚至可能完全不在意，只是表面應付而已。另外，對於某一位特定的客戶來說，他人介紹法只能使用一次。如果銷售員希望再次接近同一位客戶，就必須充分發揮自己的接近能力。

最後必須指出：有些客戶討厭這種接近方式，他們不願意別人利用自己的友誼和感情做交易，如果銷售員貿然使用此法，會弄巧成拙，不好下台，一旦惹惱了客戶，再好的生意也可能告吹。

透過利益接近法接近客戶

所謂利益接近法，即利用商品的實惠引起客戶注意和興趣，進而轉入面談的接近方法，利益接近法的接近媒介是商品本身的實惠。利益接近法的主要方式是直接陳述或提問，引起客戶對商品利益的注意和興趣，才能達到接近的目的。

一位保險公司銷售人員在接近客戶時，首先遞給客戶一張特製的三千元支票副本，然後問道：「您希望退休後每月收到這樣一張支票嗎？」

一位冰淇淋銷售商走進某冷飲店，見面就問經理：「您希望使您所出售的冰淇淋的每公斤減少五元成本嗎？」那位經理表示願意知道其中的道理，銷售商解釋用他所銷售的那種材料自製冰淇淋就可以達到目的。

一位文具銷售員見到文具店的老闆就說：「本廠出品的各類練習簿比其他同類產品便宜一半。」這話一出口就使銷售工作成功了一半！

從銷售心理學角度講，利益接近符合客戶的求利心理動機。一般來說，人們總希望從購買活動中獲得一定的利益，經濟節省是人們所遵循的一個購買原則，利益接近法正是利用了人們遵循的這一原則，利益接近法首先使客戶被購買商品所能獲取的一定利益緊緊扣住心弦，使客戶欲罷不能，只好接近銷售員，這也是其他接近方法所無法收到的接近效果。在實際銷售工作中，普通客戶很難在銷售員接近時立即意識到購買銷售品的利益，同時為了掩飾求利心理，他們也不願主動向銷售員打聽這方面的情況，往往裝出不屑一顧的高貴神情，如果銷售員在接近客戶時直接提示商品利益，一語道破天機，可以使商品的內在功效外在化，突出商品的銷售重點，有助於客戶認識銷售品，迅速達到接近的目的。

在使用利益接近法時，應該注意下述問題：

(1) 商品利益必須符合實際，不可浮誇；

(2) 商品利益必須可以驗證，才能取信於客戶。

銷售員必須為商品利益找到可靠的證據，例如財務分析或使用者回饋，以及相關實際數據和對比資料等。即使銷售員對商品利益有十足把握，也必須拿出相關證據，並且幫助客戶真正受益，因此，銷售員平時應注意收集整理相關證明資料，包括各種技術性能鑑定書、經濟效益鑑定書等文件，以備接近和商談時使用。

透過讚美接近法接近客戶

著名人際關係專家戴爾．卡內基在《卡內基溝通與人際關係──如何贏取友誼與影響他人》一書中寫道：「每個人都喜歡被讚美。」

其實，卡內基曾在這方面講述了最重要的兩個原則：

(1) 給予真誠的讚美；

(2) 衷心讓他人覺得他很重要。

有一天，一位銷售員到 AT&T 紐約辦事處拜訪一位高級主管。這位主管的辦公室在頂樓。見到他的時候，該銷售員說：「先生，在上樓見您的路途當中，我曾向五名你們的員工問路──每個人都對我報以親切的微笑。」

這位主管也給了他一個最親切的笑容，並且回答：「我們的確在努力訓練所有員工如何向客戶微笑打招呼。因此，你的稱讚特別讓我感激。」隨即暢談起來──這都是因為該銷售員稱讚了他們，因此，也收到了回報。

真誠的讚美可採取多種的形式，但都一樣有用。

1、直接的讚美

只要有好的讚美對象，每個人都做得到。

凱特找了弗雷德好幾次，生意卻一直沒有達到理想效果。一天，凱特向弗雷德說道：「儘管我每次和您談生意都沒有談成，但您知道我為什麼還是繼續拜訪您嗎？因為每次與您談話都使我學到不少東西。」

由於凱特講得十分誠懇，因此，接下去的交談非常順利。最後終於做成了一筆交易。

2、間接的讚美

這是借用別人讚美的話來稱讚別人。這種方法通常比直接的讚美效果更好，因為它可以使人更覺得可信、更有誠意。你應隨時找機會傳達這樣的讚美。

3、「助理」稱讚法

也是讓別人幫助你傳達稱讚的方法。比如，你向某人的祕書說：「你的老闆是很了不起的人物。」

4、在僵持的情況下，不妨採用稱讚的方式

要是客戶提出較苛刻的反對意見，而你一時不知道該如何處理，何不找個機會稱讚對方。比如：「先生，您所提出的這個問題很少有人會想到，除非這個人是行業專家。讓我告訴您現有的事實……」在處理客戶抱怨事件的時候，這個方法也十分有幫助。

卡內基在《人性的弱點》一書中指出：「每個人的天性都是喜歡被別人讚美的。」現實的確如此。

讚美接近法正是銷售人員利用人們希望自己被讚美的願望來達到接近顧客的目的。

當然，讚美對方並不是美言相送，隨便誇上兩句就能奏效的，如果方法不當，反而會起反效果。讚美時要恰如其分，切忌虛情假意，無端誇大。不論如何，身為一個銷售人員，時時要記住：讚美別人是對自己最有利的方法。

透過好奇接近法接近客戶

所謂好奇接近法，是指銷售員利用客戶的好奇心理而接近客戶的方法。在實際銷售工作中，銷售員可以首先喚起客戶的好奇心，引起客戶的注意和興趣，然後從中道出銷售商品的利益，迅速轉入面談階段。

一位人壽保險銷售員一接近準客戶便問：「十公斤軟木，您打算給多少錢？」客戶回答說：「我不需要什麼軟木！」銷售員又問：「如果您坐在一艘正在下沉的小船上，您願意花多少錢呢？」由此令人好奇的對話，人壽保險銷售員闡明了這樣一種思想，即人們必須在實際需求出現之前就投入人壽保險。

某大百貨商店老闆曾多次拒絕接見一位服飾銷售員，原因是該店多年來經營另一家公司的服飾品，老闆認為沒有理由改變這固有的合作關係。後來這位服務銷售員在一次銷售訪問時，首先遞給商店老闆一張便條紙，上面寫著：「您能否給我十分鐘，就一個經營問題提一點建議？」這張便條引起老闆的好奇心，於是將銷售員請進門。銷售員拿出一種新式領帶給老闆看，並要求老闆為這種產品報一個公道的價格。老闆仔細檢查了每一件產品，然後做出了認真的答覆。銷售員也進行了一番講解。眼看十分鐘時間快到，銷售員拎起皮包要走。然而老闆想再看看那些領帶，並且按照銷售員自己所報價格訂購了一大批貨，這個價格略低於老合作夥伴所報的價格。

在應用好奇接近法時，銷售員還必須根據具體情況來設計具體的接近方法，此外，還應該注意下述問題：

(1) 無論利用語言、動作或其他什麼方式引起客戶的好奇心理，都應該與銷售活動有關。如果客戶發現銷售員的接近把戲與銷售活動完全無關，很可能立即轉移注意力並失去興趣，無法進入面談。

(2) 無論利用何種辦法去引起客戶的好奇心理，必須真正做到出奇制勝。在某個人看來新奇的事物，在他人看來並不一定新奇，如果銷售員自以為奇，就會弄巧成拙，增加接近的困難。

(3) 無論利用何種手段去引起客戶的好奇心理，都應該合情合理，奇妙而不荒誕。銷售員應該向客戶展示各種新聞、奇遇、奇才、奇談、奇貨等合乎客觀規律的新奇事物來喚起客戶的好奇心，達到接近客戶的目的。

透過問題接近法接近客戶

我們可以直接向客戶提出有關問題，透過提問的形式激發客戶的注意力和興趣點，以順利過渡到正式洽談。

一位口香糖銷售員被客戶拒絕時曾提出一個問題：「您有沒有聽說過威斯汀豪斯公司？」零售商和批發商都會說：「當然，每個人都知道！」銷售員繼續又問：「他們有一條固定的規則，該公司購買人員必須對每一位來訪的銷售員一小時的說話時間，您知道嗎？他們是怕失去好東西。您是有一套比他們更好的採購制度，還害怕看東西？」

某自動售貨機製造公司指示其銷售人員，出門時要攜帶一塊兩英尺寬三英尺長的厚紙板，見到客戶就打開鋪在地面或櫃台上，紙上寫著：如果我能夠告訴您怎樣使這塊地方每年收入兩百五十美元，你會感興趣，不是嗎？

優秀銷售員提出的問題應表述準確，避免使用含糊不清或模糊兩可的問句，以免客戶聽來費解或誤解。例如：「您願意節省一點成本嗎？」這個問題就不夠準確。只是說明「節省成本」，究竟節省何種成本？又能節省多少？需要多長時間？都沒有加以說明，這樣就很難引起客戶的注意和興趣。「您希望明年一年內節省十萬元資料成本嗎？」這個問題就比較明白確切，容易達到接近客戶的目的。一般說來，問題越準確，接近效果越好。

有一位銷售書籍的女士，平時碰到客戶都是從容不迫、平心靜氣的向對方提出這樣兩個問題：「如果我們送給您一套關於經濟管理的叢書，您打開之後發現十分有趣，您會讀一讀嗎？」「如果讀後覺得很有收穫，您會樂意買下嗎？」這位女士的開場白簡單明瞭，連珠炮似的兩個問題使對方無法迴避，也使一般的客戶幾乎找不出說「不」的理由，從而達到了接近客戶的目的。

記住提出的問題應突出重點，扣人心弦，而不可無關痛癢、拾人牙慧。每一個人都有許許多多的問題，銷售人員一定要抓住重點，抓住客戶最關心的問題，把發問的重點放在客戶感興趣的主要觀點上。

如果客戶的主要動機在於節省開銷，提問應著眼於經濟性；如果客戶的主要動機在於求名，提問則應著眼於品牌。所以，銷售人員必須設計適當的問題，把客戶的注意力集中於他所希望解決的問題上面，縮短成交距離。

透過震驚接近法接近客戶

有一位聰明的壽險銷售員利用一項統計資料接近客戶：「據官方最近發表的人口統計資料，有一件值得人們關注的事實——平均約有九成以上的夫婦，都是丈夫先妻子而逝，所以，您是否打算就這一事實早做適當安排呢？最安全可靠的辦法，當然是盡快買下合理的保險。」

這裡所引用的資料十分令人震驚，若非經銷售人員的特別提示，常人一般考慮不到；尤其是身強力壯的年輕夫婦，即使知道這一事實，若不經人提醒，也不會意識到問題的嚴重程度。有些人雖然知道問題的嚴重性，卻不知如何是好。如果銷售人員利用客戶震驚後的恐慌心理，適時提出解決方案，往往會收到奇效。

你的一句話、一個動作，都可能令人震驚，引起客戶的注意和興趣，但是不管銷售人員利用何種手段去震驚客戶，都必須講究科學，尊重客觀事實。切不可為震驚客戶而過分誇大事實真相，更不應信口開河。

震驚客戶的手段應該點到為止，令人震驚而不引起恐慌。銷售人員應該實事求是，提示現實問題，幫助人們思考。而不可過分恐嚇客戶，以免引起客戶的反感和厭惡情緒。銷售人員可以引證相關事實，但不可濫用客戶所避諱的某些語言和行為。銷售人員只能引起客戶思索，而不能為客戶帶來痛苦。

不管你利用有關客觀事實、統計分析資料或其他手段來震撼客戶，都應該與該項銷售活動有關。如果為了震驚而震驚，就會轉移客戶的注意和興趣，甚至引起客戶反感，反而達不到接近客戶的目的。

第六章 發掘客戶需求促使成交

了解客戶的需求才能實現成交，優秀的銷售員應充分意識到，客戶的需求需要自己去發掘。客戶可能屬於不同的行業，即使是同一個行業的客戶，各自的特點也不相同，他們的需求往往存在著很大的不同。針對不同的客戶，要採用不同的銷售方法，把自己產品的特點和客戶的需求很好的做結合，這樣才能達到成交的目的。銷售員只有快速掌握發問及聆聽技巧，才能快速提升銷售效果。客戶的需求是多方面的，有經驗的銷售員會靈活利用各種方式，逐步引導客戶的需求導向。這需要銷售員掌握發掘客戶需求的技能，從交談中掌握客戶的準確資訊，設計正確的發問流程，控制與客戶的談話局面，繼而發掘出客戶的潛在需求，促使最後的成交。

銷售是百分之九十八對客戶的了解

銷售是百分之九十八對客戶的了解加上百分之二的商品知識，資深的銷售大師都清楚知道這一點。

曾經有一些新手就這個問題向汽車銷售大師喬．吉拉德詢問過。喬．吉拉德說：「如果你不與他人接觸，你就永遠無法了解他們。」

為了強調他的話，喬．吉拉德提高了他溫和的聲音：「你怎麼去了解人家呢？問一大堆問題然後認真傾聽，這是了解他人的最好方式。另外，你要發自內心的對對方感興趣。你想知道他是如何開創自己事業的，你想了解他的人生哲學，你想了解關於他的一切，因為你認為他是一個有趣的人。還有一點，你要對他說，談話結束後你自己也會有所進步，因為你從他那裡學到了很多東西。」

喬．吉拉德能在汽車銷售方面取得卓越的成就，關鍵就在於他對人的了解，而不是對車的了解，汽車只不過恰好是他銷售的產品罷了。

喬．吉拉德說：「我對汽車的專業知識一無所知。但是，客戶要買的並不是專業知識。如果你滿嘴齒輪和功率，肯定會把客戶嚇跑的。當一個客戶問我這些問題時，我這樣回答他：『先生，我不懂齒輪。如果你真要我回答這一問題，我可以讓其他人對你詳細解釋，因為我自己連加油都不會。我知道的只是我可以給你最好的服務和最便宜的價格。因為這樣，你就會替我介紹更多的客戶。』或者說：『那些產品的技術知識我一竅不通。但如果你想了解，我可以帶你去見技術人員，他們將會樂於回答你的問題。』」

「當大多數的銷售員滔滔不絕談起汽車的技術時，客戶總會覺得非常無聊。有些銷售員好不容易把客戶說動了，但其喋喋不休的言語還是把客戶嚇跑了。我看著這些銷售員就會暗自思忖：『他明明已經把車賣出去了，卻不願意閉嘴。為什麼他不直接把筆拿給客戶，讓客戶在訂單上簽上大名？他還想向客戶證明些什麼呢？』」

「做我們這一行的，必須向客戶提一些問題以了解他們。比如，我們得知道，他有沒有去其他車行看過？他試過車了嗎？他了解車的價錢了嗎？必須了解客戶，這是銷售的關鍵所在。」喬．吉拉德意味深長的說。

培根說過：「如果你想對別人施加影響，首先必須了解他。熟悉他的天性和行為方式，這樣就可以引導他；知道他的目的，你就可以說服他；了解他的利益所在，你也可以控制他。」喬．吉拉德的心得與培根的言論，說明了成功的銷售歸根結底還是「以人為本」，一個洞悉客戶心理的銷售員無疑具有非凡的說服力。

「銷售之神」的教訓

「銷售之神」原一平曾有過一段他自己都覺得深受啟示的教訓。

有一天，原一平的業務顧問把他介紹給某公司的總經理。原一平覺得這是一個不錯的潛在客戶，於是帶著顧問給他的介紹函欣然前往。

但是，每次原一平去總經理家拜訪，他不是沒回來，就是剛巧出去了，沒有一次能碰到他。每次替原一平開門的都是同一位老人家。

老人家總是說：「總經理不在家，請你改天再來吧。」

原一平問他：「總經理真的好忙，請問他每天早上什麼時候出門上班呢？」

老人家回答：「忽早忽晚，我也搞不清楚。」

不管原一平用什麼方法，都無法從那個老人口中打聽出任何消息。

就這樣，在接下來的三年八個月的時間裡，原一平前前後後一共拜訪了這個總經理七十次，每次都徒勞無功。

老是撲空的原一平很不甘心，心想，只要能見那位總經理一面，縱使他當面大叫「我不需要保險」，也比像這樣連一次面都沒見到好受點。

一天，原一平等得不耐煩，心中焦躁難忍時，與鄰近酒鋪老闆有了搭訕的機會，他立即抓住這個時間問：「住在那家的總經理，到底是個什麼樣的人？」

「總經理？你瞧，那不是有一個正在清除水溝的老人嗎？他就是總經理呀！」

剎那間，原一平只覺得全身的血液在逆流：就是那位狀若隱退者的老人！讓他連訪四年，次次以「總經理不在」擋駕的那位老人！

「混帳東西！」原一平在心中如此怒喊。不是對別人，而是對他自己。

那天，原一平進行了第七十一次拜訪。

當原一平極其客氣的敲了敲那老人的家門，應聲而出的又是那位老人。

原一平重新報出自己的姓名。

「唔！總經理嗎？很不巧，他今天一大早去小學演講了。」老人家神色自若的撒謊。

原一平大聲說道：「我知道，您就是總經理，您為什麼要欺騙我呢？我已經來了七十一次了，難道您不知道我來訪的目的嗎？」

「誰不知道你是來銷售保險的！」

「真是活見鬼了！向您這種一隻腳已進棺材的人銷售保險，這是原一平嗎？再說，我們保險公司若是有你這麼瘦弱的客戶，才不會有今天的規模！」

「好小子！你說我沒資格投保，如果我能投保的話，你要怎麼辦？」

雙方的爭論越來越激烈，原一平發覺自己已經不是在銷售保險，而是在爭吵了。既然已經騎在虎背上，他決定堅持到底，「您是沒資格投保的。」

「你立刻帶我去體檢，小鬼頭啊！要是我有資格投保的話，我看你的保險飯也就別再吃啦！」

「單為您個人可不行。如果您公司和家人都投保的話，我就打賭。」

「行！全家就全家，你快去帶醫生來。」

「既然說定了，我立刻去安排。」爭論到此告一段落。

因為原一平從直覺判斷總經理有病，肯定會被公司拒絕投保，所以這場打賭贏定了。幾天以後，他安排了所有人員的體檢。結果，除了總經理因肺病不能投保外，其他人都變成了他的投保戶。這一次成交金額，打破了原一平自己所保持的最高紀錄，而且新紀錄的金額高達舊紀錄金額的五倍之多。這件事使他深刻體會到，愈是難纏的客戶，其潛在的購買力越強。

具備敏銳的判斷力

優秀的銷售員應具備敏銳的判斷力。雖然，人的先天智力程度確實有高下之分，但起決定作用的還是後天的勤奮和努力，以及是否有持之以恆的吃苦精神。

對於大多數人來說，敏感和判斷是可以緩慢累積的，但銷售員的職業要求這個過程越短越好，這就需要當事者有超於常人的奉獻、勤奮刻苦才行。

判斷最初是從點滴資訊開始的。一位成功的銷售員說，他幾乎沒有讓自己的思維休息過。走在路上，他會留意觀察迎面而來或者匆匆而過的陌生人，試著判斷他們的職業、愛好、所處環境的好壞。在公共場合，在公車上，在飯店裡或在購物中心裡，他會留心別人說話的語氣，行事的態度以及所關心的話題，進而找到一個值得特別關注的對象。

判斷的磨練要從簡單的、直接的小事入手，隨時為自己出題，又隨時考察判斷的準確性。對於銷售員來說，最重要的判斷是對陌生人社會地位、經濟狀況的判斷，因為只有經濟狀況、家庭狀況各方面比較好的人，才有可能成為保險的潛在客戶。銷售員對客戶家庭有一種敏銳的感應能力，他們把這稱為「家庭的味道」。

如客戶門庭是否整潔，陳設是否合理，是否有審美品位；庭院裡傳來的聲響是否和諧；門庭的鞋子是否擺放有序；家中是否有病人；家庭的成員結構是否合理；家庭裡發揮主導作用的是男主人還是女主人或是長輩等等。

有些判斷有充足的思考餘地，比如在拜訪準客戶之前，判斷今日洽談的可能進展及客戶的心境；有些判斷則必須立刻做出，並做出相應正確的反應。判斷錯誤或者反應遲鈍，都會把原本有希望的事情弄糟。當你站在準客戶的門前，舉起你的手敲門時，你的判斷應該是最準確的。

準確定位客戶的心態

優秀的銷售人員總能夠與自己的客戶保持親密而合作的關係，即使是對那些初次打交道的客戶，他們同樣能夠與之一見如故。

老銷售員的經驗證明，和客戶傾談生意，除了要留心傾聽之外，更要注意他的動作、舉止神態和眼睛。因為客戶的心態和思想完全表露在無言的行動之中。在傾談之時，客戶若目光四望、突然轉變話題，你便要小心，這是拒絕你的心態。

踏入客戶辦公室，在一定時間內，你便可判斷對方是否是一位有誠意的客戶。客戶有沒有準備你的來臨？是否懷著一種熱誠和歡迎的態度？他的坐姿如何？

在未談正事之前，我們應該略施小計，達到反客為主的目的。例如稍微移動位置。因為慣常的禮貌，客人會招呼你坐在辦公室前的椅子，和他們隔著辦公桌相對而坐。為了方便展示貨品或舉例說明介紹，你可以要求搬移位置，和客人並排而坐。這些小小的要求可以考驗客人的興趣。如果有興趣的話，一定會順從你的要求。否則，應酬一下便會將你打發了。

當傾談進行時，客人的坐姿非常重要，如果他是緊挨著椅背，又時常看著桌上的文件，顯得不耐煩，便可以要求更換方法或時間，否則他不能集中精神。如果他仍有興趣的話，便會放下一切工作，繼續和你交談。相反的情形下，例如客戶細心聽取你的說明，又不住的點頭同意，這便顯示他有興趣。你應該努力把握機會。

當你解釋完一切，便到了最關鍵的時刻。你應該立刻停止說話，集中精神去觀察對方的動靜和眼神，如果他的眼神游移，努力避開你的目光，顯示他的不耐煩和沒有興趣，你便可以主動收拾好一切東西，即行離去，答案是不必等待的。這樣一來，除了顯出你的瀟灑和老練，還讓對方留下了一個好印象，留待他日再行拜訪。

另一方面，當客戶了解你的商品或服務之後，將手放在額上或嘴巴下，便代表他在認真沉思和研究你的建議。如果他又不斷翻查你帶來的資料，或更細心的詢問關於公司的服務和歷史、日後的服務情形、公司的穩定性等資訊，或暗示是否有回扣，這便是機會。你應掌握和控制這寶貴的時刻，盡力控制自己，切勿開口。因為靜默往往能產生一種壓力。首先開口的一個，便決定了一切。為了打破沉默的壓力，客戶往往首先開口，並告訴你他的心意。

收集客戶需求的相關資料

銷售員在銷售產品之前，需要高度重視的資料主要有哪些呢？客戶需要集中在哪裡？客戶想要什麼？接下來需要做的是把這些資料與你的產品做連結。需要注意的是：銷售人員不可混淆需要及想要的東西。

位於紐澤西州的一間化學品公司遭遇包裝上的困難。在他們發出一些詢問信函後，好幾家包裝公司的業務代表跑來接洽，其中包括「A包裝公司」的懷特。

懷特首先問了一些問題，好了解裝箱產品的性質，然後又詢問了一些有關安全上的需求及其他更深入的問題。

最後，懷特告訴負責採購的人員：「我已了解你們的需求，我會立刻送來一些樣品讓你們試用。」

化學品公司的採購負責人鬆了一口氣說道：「謝天謝地，我終於碰到了一個真正懂行的業務人員了。我們公司生產的是化學產品，而不是包裝產品。今天，有三個公司的業務代表問我：『你需要什麼樣的包裝產品？』這正是我希望由他們來回答我的問題呀！假如我知道需要什麼樣的包裝產品，我早就訂貨了，哪裡還需要請你們來？你趕快去把樣品送來，只要我們用著滿意，這筆生意絕對是你們的。」

事實證明那些樣品的確符合這家公司的需求，於是他們馬上向懷特訂購了兩萬個箱子。

關於怎樣取得相關客戶及他們需求的資料，以下是幾個非常好的辦法：

(1) 問問題。接待人員有時會願意提供你一些資料。你甚至可從在會客室等候的其他業務人員口中得到一些要點。

(2) 問些與客戶本人有關的問題。許多人都樂意談論他們自己或他們的公司及行業。當他們暢談的時候，你要注意聽。

(3) 觀察。你可以到客戶的工作地點觀察當地的會客室、牆壁、桌子、書架，可能會發現一些蛛絲馬跡。

(4) 與他們的朋友或同事交談。這些人通常會知道該客戶的個性、嗜好、家庭狀況，甚至其主要的購買動機。

(5)請示與負責人的部屬交談。打電話給你的客戶，先介紹你的業務項目與服務範圍，談話引起他的興趣後，說明為了進一步了解他們的需求，希望能與他的助手或部屬做更詳細的交談，以便切實了解該提供什麼樣的服務。

對客戶的了解越全面越好

銷售員除了要了解客戶的長相和客戶與家人的喜好外，還應當了解客戶其他方面的情況。

客戶的名字是什麼？怎麼寫？客戶的家庭狀況如何？結婚了沒有？有子女嗎？子女多大？在哪上學？客戶參加了什麼團體或組織？客戶在公司裡的職位是什麼？他或她做決策時的自信程度如何？

如果銷售的對象是公司或團體組織，則要弄清：公司是屬於批發商、製造商還是零售商？公司規模多大？公司提供什麼樣的產品或服務？公司的銷售對象是誰？公司追求多高的利潤率？公司的最初競爭對手是誰？公司各種產品的購買量多大？是從一個供應商那裡買，還是多個？為什麼？公司為什麼選擇目前的供應意見？對他們是否滿意？目前公司所面臨的問題是什麼？公司的聲譽如何？是否有影響力？

一位銷售員急匆匆的走進一家公司，找到經理室敲門後進屋。

「您好，許先生。敝姓簡，是〇〇公司的銷售員。」

「我姓徐，不姓許！」

「噢，對不起，我沒聽清楚您的祕書說您姓徐還是姓許。我想向您介紹一下我們公司的列印機。」

「我們現在還用不著列印機，即使買了，一年也用不上幾次。」

「這樣子啊……不過，我們還有別的型號的列印機，這是產品介紹資料。」他將印刷品放到桌上，然後掏出菸和打火機說：「您來一根？」

「我不吸菸，我討厭菸味，而且，本公司全面禁菸。」

這是一次失敗的銷售，失敗的主要原因是銷售員弄錯了對方的姓氏，而這是銷售時最忌諱的。

銷售不會永遠順利或不順利。因此業績好時，不能得意忘形；業績蕭條時，也不要過於悲觀。應該讓自己的心情始終保持平衡狀態，冷靜的思考下一步要怎麼走。

當人對事情感到迷惑或看不清楚事情真相時，就要立刻回到原點，思考問題的癥結所在。銷售也一樣，在遇到低潮時，應重新回到原點，把自己當做剛起步的新手，認真檢討做過的每一件事情。

銷售員業績無法突破的原因往往在於沒有開發準客戶。這點，新手多半能注意到。可是資深銷售員卻常常忽略這件事，因為他們只看到眼前的利益，而忘記這些利益是如何辛苦獲得的。銷售員一旦回到起點，就需要重新投入現場銷售，只要發揮過去那種幹勁，一定可以突破低潮的。

準確洞悉客戶的購買動機

銷售員必須學會順應潮流，向客戶提供他想要的東西。分析你的客戶，最能夠吸引他的是什麼，最重要的是什麼，最有魅力的是什麼，最有益處的是什麼。

亨利是一個十五歲的中學生，他經常利用週末時間為當地一位名叫賈斯汀的業主打工。賈斯汀有一家牛奶廠和一家小型的蔬菜水果連鎖店。

一個星期六的早晨，賈斯汀給了亨利一箱柳丁，讓亨利到店外擺成兩個金字塔，分列窗戶兩側。擺完之後，賈斯汀讓亨利在每堆柳丁上放一個價格標籤。一個標籤上寫每個柳丁八便士，另一個寫十二便士。亨利馬上就說，這樣不行，因為所有的柳丁都來自一個箱子，它們不能賣不同的價錢！但賈斯汀的回答是：「同一種產品總會有一種以上的市場需求。」

亨利第一次認識到，客戶不一定都選擇最便宜的，同一種產品，緊貼著擺成兩堆，標不同的價格，但就有人願意買貴一點的，為什麼？回答是：客戶只要他想要的東西。有的客戶願意買八便士的柳丁，而有的客戶則認為買十二便士的柳丁是最好的選擇。因為他們認為這些柳丁一定很新鮮、很甜，也許能儲藏更長的時間。

馬斯洛的需求層次理論為銷售人員提供了客戶的購買動機。

馬斯洛表示，一個人存在著以下五種需求：

(1) 生理需求

(2) 安全需求

(3) 愛與歸屬需求

(4) 尊重需求

(5) 自我實現的需求

根據馬斯洛的需求層次理論，可以在銷售中把上述整理成如下幾種需求：

(1) 安全（貨幣收入，不必為財政問題擔心）；

(2) 自我保護（自己和家人的安全與健康）；

(3) 方便（舒適，有效率的利用時間）；

(4) 省事（大腦上的放鬆，有信心）；

(5) 體面（社會地位，被羨慕）；

(6) 自我提高（精神的發展，對知識的追求，智慧的提高）。

這些聯合在一起的欲望出現在許多需求場合：

(1) 食衣住行。每個人都是這些商品的消費者，它們缺一不可。

(2) 貴重物品。現代生活中，某些商品已成為必需品，即使它們不是生存所必需的。

(3) 追求利潤。你可以說服零售商，你的品牌會比別的品牌更好賣。

(4) 商業效率。比如一個辦公機器銷售員向客戶展示他的商品如何省時、糾錯、提高效率，從而提高收益。前提是他的客戶要求的是安全、信心及收益。

(5) 安全感。人們每天都在花數百萬元用於醫療預防，這些都是能為客戶帶來安全感的產品或服務，從安全的嬰兒車到養老金、生命保險——如果你能夠提供安全和保障，你就是在挖掘一座金礦。

(6) 社會尊重感。無可否認，很多的人購買房子、名牌精品、珠寶首飾、後院游泳池等，目的是為了讓別人留下深刻印象。這意味著本人具有很高的社會地位，是別人嚮往的成功人士。為了滿足這點無可厚非的虛榮心，人們總是願意支付高昂費用。

如何破譯客戶的購買心理

世界上的消費者成千上萬，各有各的特點，各有各的習慣，各有各的具體情況，他們的購買心理也不一樣。男性的消費心理跟女性的不一樣；年老的跟年少的購買心理不一樣；講究實惠的跟講究時髦的購買心理不一樣；熱衷於大眾化的跟講究個性化的購買心理也不一樣，不一而足。

1、求名心理

此類消費者在選購商品時，特別重視商品的威望和象徵意義。商品要名貴、牌子要響亮，以此來顯示自己地位的特殊，或炫耀自己的能力非凡，其動機的核心是在「顯名」和「炫耀」的同時，對名牌有一種安全感和依賴感，覺得品質信得過。

精明的商人，總是善於運用消費者的崇名心理做生意。一是努力使自己的產品成為名牌；二是利用各類名人銷售自己的產品。

2、求美心理

此類消費者在選購商品時不以使用價值為宗旨，而是注重商品的外觀和設計，強調商品的藝術美。其動機的核心是講究「裝飾」和「漂亮」。不僅僅關注商品的價格、性能、品質、服務等價值，而且也關注商品的包裝、款式、顏色、造型等形體價值。

3、求新心理

此類消費者在選購商品時尤其重視商品的款式和眼下的流行樣式，追逐新潮。對於商品是否經久耐用，價格是否合理，不大考慮。這種動機的核心是「時髦」和「奇特」。

4、求廉心理

消費者在選購商品時，特別計較商品的價格，喜歡物美價廉或特價處理的商品。其動機的核心是「便宜」和「平價」。

5、求實心理

此類消費者在選購商品時不過分強調商品的美觀悅目，而以樸實耐用為主，其動機的核心就是「實用」和「樸實」。

6、從眾心理

有些人在購買物品時容易受別人的影響。如許多人正在搶購某種商品，這些人極有可能加入搶購者的行列。平常總是留心觀察周圍人的穿著打扮。喜歡打聽別人所購物品的資訊，而產生模仿心理。這類人容易接受別人的勸說，別人說好的，他很可能就下定決心購買，別人若說不好，她很可能就選擇放棄。

7、攀比心理

此類消費者在選購商品時，不是由於亟需或必要，而是僅憑感情的衝動，存在著偶然性的因素，總想比別人強，要超過別人，以求心理上的滿足。其動機的核心是爭強好勝。

8、獵奇心理

所謂獵奇心理，是對新奇事物和現象產生注意和愛好的心理傾向，或稱之為好奇心。古今中外的消費者，在獵奇心理的驅使下，大多喜歡新的消費品，尋求商品的品質、新的功能、新的花樣、新的款式，追求新的感受、新的樂趣和新的刺激。

9、情感心理

一般來說，女性比男性更加感性。因此，女性的購買行為容易受直觀感覺的影響。如清新的廣告、鮮豔的包裝、新穎的式樣、感人的氣氛等，都能引起女性的好奇，激起她們強烈的購買欲望。

10、癖好心理

消費者在選購商品時，會根據自己的生活習慣和業餘愛好做選擇。他們的傾向比較集中，行為比較理智，可以說是「胸有成竹」，並具有經常性和持續性的特點。

11、兒童消費心理

由兒童的生理和心理發育所定，其顯著特點有三：首先，特別好奇，凡是新奇有趣的東西都能產生強烈的誘惑力。其次，不穩定性。兒童的消費純屬感性，對一種事物產生興趣和失去興趣都很快。最後，極強的模仿性，別人有的東西，自己也想得到。

挖掘客戶的潛在需求

沒有需求，就不可能有銷售的成功。所以，不論你的商品說明技巧多好，如果無法抓住客戶的需求，終究無法獲得訂單。

因為有需求，客戶才會購買。因此，就銷售員來說，如何掌握住這種需求、使需求明確化，具有至關重要的意義，也是最困難的一件事。因為客戶本身往往也不知道自己的需求是什麼。

當你清楚知道需求是什麼時，你會主動採取一些措施。這種需求我們稱為「顯在需求」，是指客戶心中已對自己需要的商品或服務有了明確的欲望。

相對於顯在需求的是「潛在需求」。有些客戶無法明確肯定或具體說出自己的需求，這種需求往往表現在不平、不滿、焦慮和抱怨上。事實上，大多數初次購買的準客戶，都無法確切知道真正的需求。因此，業務代表碰到這類客戶時，最重要也最困難的工作，就是挖掘這類客戶的需求，使潛在的需求轉變成顯在的需求。

實際上，挖掘客戶潛在需求最重要的方式就是詢問。可以在與準客戶詢問中，憑藉有效的提問來刺激客戶的心理狀態，將潛在需求逐步從口中說出。

1、狀況詢問法

狀況詢問法是詢問法中最重要的一種。銷售員提出狀況詢問時，詢問的主要方法要和銷售的商品有關。狀況詢問的目的，是經由詢問了解準客戶的事實狀況及可能的心理狀況。銷售員若無法推測出客戶的潛在需求，就不可能成為真正的銷售大師。

2、問題詢問法

「問題詢問」是為了探求客戶的不滿、不平、焦慮及抱怨而提出的問題，換句話說，就是了解客戶潛在需求的詢問。

比如：

「您目前住在哪裡?」（狀況詢問）

「是不是自己的房子?」（狀況詢問）

「現在住的怎麼樣?有沒有不好的地方?」（問題詢問）

以上即問題詢問的一個簡單例子，經由問題詢問使我們探求出客戶不滿意的地方，知道客戶有不滿之處，我們才有機會去挖掘客戶的潛在需求。

3、暗示詢問法

在發覺了客戶潛在需求後，暗示詢問法將是比較有效的方法。

例如：「〇〇線捷運馬上就要開通了，在靠近明山、有綠地、空氣又好的地方居住，您認為怎麼樣？」（暗示詢問法）

預測客戶的未來需求

銷售員需要對潛在客戶的未來需求做預測，包括可能用到哪些有用的產品或服務。實際上，在銷售過程中，銷售員經常可以覺察到，客戶所需要的東西常常不是當下亟需的，很多時候都是需要經過一段時間才能用得到的東西。這時，聰明的銷售員不會因為客戶眼下不需要這些產品或服務就轉身離去。與之相反，他會努力為客戶設想一下，自己在什麼情況下需要，明白自己未來會用到，客戶最終便會下決心購買。

醫療設備銷售員利森，多次建議多巴特醫生更換陳舊的設備，但是這位名醫在藉故拖延方面是個能手，所以利森遲遲拿不到訂單。

所以，利森決定換一種銷售方式，讓多巴特醫生自己下定購買決心。

一天，利森打電話給多巴特醫生說：「我想和您談一件重要的事。這件事關係到您的切身利益，

銷售戲精

面對滿口幹話的奧客，業務內心小劇場大爆發

禮拜三我們一起吃午餐怎麼樣？」

多巴特醫生聽了，心裡感到十分驚訝，但是他還是答應了。

在餐桌上，多巴特醫生一落座，就迫不及待的問利森：「快告訴我，到底是什麼要緊的事？」

利森掏出一張卡片，放在他面前，問道：「醫生，您的租賃何時到期？」

「明天秋天，也就是十月份。」

「假設那座大樓將被賣掉，您無法再續合約吧？」

多巴特有些憂慮：「你是從哪裡得知這個消息的？」

「這不是官方消息，但我知道一所大學正在調查在附近建立新校區的可行性。假設那是真的，您就必須搬遷，不是嗎？」

「是的」。

利森繼續說：「您可以重新選擇辦公地點，如果不考慮政府形勢或可能發生的大蕭條，或任何其他形勢，人們將始終需要您的服務。所以您必須搬遷。」

多巴特點點頭。

「那麼，現在為什麼不做決定呢？您已經做了二十幾年了，您當然不希望永遠待在那間簡陋的辦公室裡，對嗎？」

多巴特笑了：「你說得對。」

利森把卡片推到多巴特醫生面前。多巴特醫生看了看，發現上面的內容是：「那種在決定之前

把每件事都看清楚的人將永遠不會做出決定。」

「我的父親在牆上刻下這句座右銘，」利森接著解釋說，「真正成功的人不會等到被動無奈時再做決定，他們都是事先做出預測。」

「真有趣！」多巴特醫生說，「瑪莉和我談論過這個問題，就在我們買第一輛車及隨後的第一棟房子時。她總是在預測未來，而且總是很準。」

多巴特拍了下桌子：「好吧！非常感謝你的建議，我將在今年夏天搬遷。」

兩星期後，利森接到了瑪莉——多巴特夫人打來的電話：「外子已經為新的辦公樓簽了十年的租賃合約。」她告訴利森，她的丈夫很快就會和他談關於安放在新診所的新醫療設備的問題。

「但是，我們還是得感謝你使我們搬出了那個破舊不堪的辦公室。」她說。

可見，靈活預測客戶的未來需求，比死盯在目前有限的需求上要高明許多。銷售上的成功很大取決於銷售員能夠準確、快速的了解客戶的需求，然後比競爭對手早一步滿足對方。

為客戶需要的產品增值

優秀的銷售員應該熟練掌握自己產品的知識，你的客戶不會比你更相信你的產品。成功的銷售員都是他所在領域的專家，做好銷售就一定要具備專業的知識。專業的知識要用通俗的方式表達，才更能讓客戶接受。同時，在向客戶介紹產品時要懂得為自己所銷售的產品增值，只有這樣才能打動客戶，促使客戶產生購買的願望。

銷售戲精

面對滿口幹話的奧客，業務內心小劇場大爆發

德烈決定購買一台蘋果電腦。這是由於他聽說它們用起來比其他電腦便捷，而且德烈還想跟幾位也使用蘋果電腦的朋友透過電腦連成網絡。因此，德烈打電話給一家銷售蘋果電腦的電腦公司，請他們為他派一個銷售人員。

次日早上十點鐘，那家公司的銷售人員來了。

銷售人員問他說：「我能把您的電腦也帶進來嗎？」

德烈說：「可以。」

「您對電腦了解多少？」他接下來問。

「知之甚少。」德烈說。

問完後，銷售人員就裝好了電腦，並在接下來的二十分鐘時間內演示了應該怎麼操作。他做得真是棒極了！德烈從來沒有看見任何人把一台電腦玩得這麼好的。

「記憶體有多大？」德烈提出一個問題，然後得一個回答，用的是極專業化的解釋，講到了兆位等的專業用語。演示結束以後，德烈謝謝他，留下了他的名片，然後告訴他會就購買一事考慮一下。

送走這位銷售員後，德烈又打電話到另外一家電腦公司，請他們派一個銷售人員到他家來。第二天早晨，另一名年輕人來到門前。看上去跟昨天那個人一樣，只是他沒有帶紙箱。

「記性不好，」德烈想，「他忘了把我的電腦帶上。」

「先生，」他開口說，「我可否問幾個問題？這樣我就能準確理解您能用電腦做什麼。」

「問吧。」德烈說。

為客戶需要的產品增值

「您做哪一行？」

德烈告訴了他。

「您怎麼工作？為什麼電腦對您來說很重要？」

德烈告訴了他。

他繼續問下去，最終說：「先生，您想讓這台電腦為您做什麼？」

德烈回答後，他又說：「電腦可以做到這些事。但是，如果能做到更好，您會有什麼樣的想法？」

「那太好了！」德烈說。他繼續大概講解了電腦能夠為德烈做到的各種不同事情。到十分鐘結束的時候，德烈對電腦能做的事情有了完全不同的了解。

「記憶體大嗎？」德烈問。

「足夠大。」他回答說。

於是，德烈買下了。

德烈為什麼買了第二家而不買第一家呢？如果德烈想僱用操作人員，第一位年輕人可能會得到這份工作。但是，德烈要的是一台電腦而不是電腦操作員。他所有的演示真正完成的任務是：顯示德烈作為一名操作員來說能力不夠。第二位年輕人專注於德烈的需求，也能夠解決德烈想要解決的問題。他不僅解決了那些問題，還為德烈需要的東西增加了價值！

創造出客戶的需求

很多情況下，客戶並沒有什麼明顯的需求，一個銷售「需要」的能手就必須為對方尋找一個。在尋找未果的情況下，銷售員便不得不為客戶創造一個了。

雖然這種創造需求的方法是非常困難的，但對於銷售員來說，卻具有非常重要的意義。任何清楚而明白的需求，往往都有其潛伏的陷阱。

銷售大師原一平自然也善於為客戶創造需求。他認為，有許多人看起來似乎不需要保險，可是一經分析，卻發現每個人都需要保險。一個剛從學校畢業的年輕人，年薪不高，他沒有任何需要照顧的家眷，而且短期內也不想結婚，但是原一平還是把保險賣給了他。

當時，原一平對那位年輕人說：「這樣的情形下，您確實不需要投保人壽險。如果有人告訴您，您需要投保人壽險，那這個人說話一定沒有經過大腦。我是一個保險專家，我可以坦白告訴您，您並不需要保任何險。可是請問您，您計劃結婚嗎？」

「哦，也許幾年後吧！可那是很久以後的事。」

「即使等您結了婚，您也還是不需要保險，您知道為什麼嗎？因為萬一您不幸發生了什麼意外，您太太仍然年輕，她可以工作，也可以再婚，所以您在這段時間內不需要投保人壽保險。那麼再請問您，您將來計劃有小孩嗎？」

「當然我們都希望養幾個小孩，所以我想應該會有小孩吧！」

「當您太太懷孕時，我想您就應該投保了。現在讓我們來看看人壽險的基本原則。任何人要買人壽險時都有三個問題要考慮：第一個是職業，您的職業不屬於危險性高的職業，所以我想沒有問題。第二是健康，您現在身體健康，這也沒有問題。不過在四年以後，我就不敢說了，但現在我們假定您的健康情況一直良好，所以也不成問題。第三個問題，就是您的年齡，您年齡愈大，買保險時保費就愈高，一般而言，每增加一歲，保費就增加百分之三。」

「不過再等三年也差不了多少。」

「老兄，那可有差別呢！假如在三年之內您太太懷孕了，那時您準備買人壽保險，您就要付比現在高出百分之九的保險費。如果您現在的所得稅稅率是百分之三十七，那也就是說您必須要多賺百分之十二的年薪，才付得起那份保險費。另外，並不是說只在第一年多付百分之九，而是您在投保的每一年都需要多付百分之九，這筆帳您算算看怎樣才划得來。」

「假如您現在投保，三年以後，您還是擁有同樣價值的保險，可是每年就省下了百分之十二以上的保費。我相信以您的努力，將來一定會飛黃騰達，而且我也希望多一位傑出的客戶，這樣我的業績才能蒸蒸日上呢！所以我願意現在為您設計一套保險計畫，讓您從現在開始節省百分之十二的多餘保費。」

正如管理大師杜拉克說，企業的存在在於創造顧客。而更多的經濟學者也總結說，企業的利潤其實來源於「固定客戶」。從成本上說，開拓一個新客戶的成本遠遠高於維護一個原有客戶的成本。大多數人都懂得這個道理。

所以，創造「客戶需求」就成了「優質服務客戶」的重要途徑。所以，簡單應對已經不能滿足客戶的需求了，苦練內功才是唯一之道。

對不同客戶採用不同的銷售策略

要想成為一個優秀的銷售員，就必須不斷觀察、學習與探討。必須能探測客戶的心理，然後將之歸納為各種類型，再針對各種類型的特性，選擇適當的商品說明方法。

1、按對象劃分的客戶類型

(1) 老年客戶。

行動模式：這種類型的客戶包括老年人、鰥夫寡婦等，他們共同的特點便是孤獨。他們往往會徵求朋友及家人的意見，以決定是否購買商品。對於銷售員，他們的態度是疑信參半，因此，在做購買的決定時，他們比一般人還要謹慎。

策略方法：進行商品說明時，你的言詞必須清晰、確實，態度誠懇而親切，同時要消除他的孤獨感。向這種類型的客戶銷售商品，關鍵在於你必須讓他相信你的為人，這樣一來，不但容易成交，而且你們還能成為好朋友。

(2) 中年客戶。

行動模式：這種類型的客戶既擁有家庭，也有穩定的職業，他們希望能擁有更好的生活，注重自己的未來，努力想使自己活得更加自由自在。他們希望家庭生活美滿幸福，因此他們極願意為家人奮鬥，他們自有主張，遇事有決定的能力，因此，只要商品確實實用優質，他們便會毫不考慮的買下。

策略方法：最重要的是和他們當朋友，讓他能信賴於你。你必須對其家人表示關懷之意，對其本身則予以推崇與肯定，同時說明商品與其美好的未來有著密不可分的關聯；這樣一來，他在高興之餘，生意自然成交了。

(3) 年輕夫婦與單身貴族。

行動模式：年輕夫婦雖然在經濟上稍感拮据，不過他們總是會在外人面前盡量隱瞞。他們思想樂觀，想要改變現狀，如果銷售員能表現出誠心交往的態度，他們是不會拒絕交易的。

策略方法：對於這類客戶，你必須表現出自己的熱誠，進行商品說明時，可刺激他們的購買欲望。同時在交談中不妨談談彼此的生活背景、未來、情感等問題，這種親切的交談方式很容易促使他們衝動購買。然而，你必須考慮這類客戶的經濟能力。因此，在進行商品說明時，以盡量不增加客戶的心理負擔為原則。

2、按性格區分的客戶類型

(1) 忠厚老實型。

行動模式：這是一種毫無主見的客戶，無論銷售員說什麼，他都點頭說好。因此，即使銷售員對商品的說明含糊帶過，他還是會購買。

心理狀態：在銷售員尚未開口前，這類型的客戶會在心中設定「拒絕」的界限，但當銷售員進行商品說明時，他又認為言之有物而不停點頭，甚至還會加以附和。雖然他仍然無法鬆懈自己，不過最後他還是會購買。

策略方法：對付這種客戶，最要緊的是讓他點頭說好，你可以這麼問他「怎麼樣，你不想買嗎？」這種突然的問話可鬆懈他人防禦心理，讓客戶在不自覺中完成交易。

(2) 溫和木訥型。

行動模式：這種類型的客戶，個性拘謹而有禮貌，對銷售員非但沒有偏見，而且充滿敬意，他會告訴你說：「銷售實在是一件了不起的工作。」能遇到這種客戶，實在非常幸運。

心理狀態：這種類型的人絕不撒謊騙人，而且會非常專心的聽銷售員說話，倘若你的態度過於強硬，他便不會理睬你的銷售。他也不喜歡別人拍馬屁，因此還是以誠心相待為上策。

策略方法：對付這種客戶時，你必須有「他一定會購買我的商品」的自信。你應該詳細向他說明商品的優點，而且舉止彬彬有禮，顯示出自己的專業能力，最重要的是，切勿對他施加壓力，或是強行銷售。

(3) 自以為是型。

行動模式：這種類型的客戶，總是認為自己比銷售員懂得多，而這種表現常令銷售員甚感不悅。這類型的客戶總是在自己所知道的範圍內，毫不保留的訴說，當你進行商品說明時，他也喜歡打斷你的話，說：「這些我早就知道了。」

心理狀態：這種類型的客戶不但喜歡誇大自己，而且表現欲極強，可是他心裡也明白，僅憑自己粗淺的知識，絕對不及一個專業銷售員，因此，為了保護自己，他會在適當時候給自己台階下。所以，在面對這種客戶時，你必須表現自己卓越的專業知識，讓他知道你是有備而來的。

策略方法：對付這種客戶，你不妨布個小小的陷阱，你可以在交談時，模仿他的語氣，或者附和他的看法，讓他覺得受重視。之後，在他沾沾自喜的時候進行商品說明，不過，千萬別說得太詳細，稍作保留，讓他產生困惑，然後告訴他：「先生，我想您對這件商品的優點已經有所了解，您需要多少數量呢？」為了向周圍的人表現自己的能幹，他會毫不考慮的與銷售員商談成交的細節。

(4) 生性多疑型。

行動模式：這種類型的客戶對銷售員所說的話，始終持懷疑態度，甚至對商品本身也是如此認為。

心理狀態：這種類型人的心中，多少存有些個人的煩惱，如家庭、工作、金錢方面等，因此，他經常將一股怨氣出在銷售員頭上。

策略方法：你應該以親切的態度與他交談，千萬不要和他爭辯，同時也應盡量避免對他施加壓力，否則只會使情況變得更糟。

(5) 內向含蓄型。

行動模式：這種類型的人很神經質，很怕與銷售員有所接觸。一旦接觸，則喜歡東張西望，絕不專注於同一方向。不喜歡與銷售員面對面交談。

心理狀態：這種類型的客戶只要遇到銷售員，便顯得困擾不已，坐立不安，由於他深知自己極易被銷售員說服，因此總是很怕銷售員出現在面前。

策略方法：應付這種類型的客戶，你必須謹慎而穩重，細心觀察他，坦率稱讚他的優點，與他建立值得信賴的友誼。

(6)　好奇心強烈型。

行動模式：事實上，這種類型的客戶對購買根本不存有抗拒，不過，他想詳細了解商品的特性及其他一切有關情報。只要時間許可，他很願意聽銷售員的商品說明。他的態度認真有禮，會在商品說明進行時積極的提出問題。

心理狀態：他會是個好買主，不過必須看商品是否合他的心意。這是一種屬於衝動購買的典型，只要你能夠引發他的購買動機，便很容易成交。

策略方法：你必須主動而熱誠的為他解說商品的性質，使他樂於接受，同時，你還可以告訴他，目前正在打折中，所有商品皆以特價銷售，這樣一來，他便會高高興興的付款購買了。

(7)　冷淡嚴肅型。

行動模式：這種類型的客戶總是顯現出一副冷淡而不在乎的態度，他不認為這種商品對他有何重要性，也根本不重視銷售員，簡直令人難以親近。

心理狀態：應付這種類型的客戶，你絕對不能施以壓力，或是向他強行銷售。他對銷售員天花亂墜式的介紹說明，根本不予置信。只要牽涉到有關自身利益的事，他自有主張，絕不受他人左右，他非常注重細節，對每件事都會慎重的加以考慮。

策略方法：對這種類型的客戶進行商品說明時，必須謹慎，絕不可以草率，你必須誘導出他購買商品的衝動，才有可能成交。

(8) 先入為主型。

行動模式：這種類型的人作風乾脆，在你與他接觸之前，他已經準備好要問些什麼，回答什麼。因此，在這種心理準備下，他能與銷售員自在的交談。

心理狀態：事實上，這種類型的客戶是最容易成交的典型。雖然他一開始就抱持否定的態度，但對交易而言，這種心理抗拒卻是最微弱的，精彩的商品說明通常可以擊垮他的防禦。

策略方法：對於他先前抵抗的話語，你可以不予理會，因為他並非真心說那些話，只要你以熱誠的態度親近他，便很容易成交。

(9) 冷靜思考型。

行動模式：這種類型的客戶，喜歡靠在椅背上思索，口中銜著菸，一句話也不說，有時則以懷疑的眼光觀察對方，有時甚至還表現出一副厭惡的表情。初次見面時，他仍然會與你寒暄、握手。不過，他的熱情僅止於此，他總是把銷售員當成木偶，自己則是觀看表演的觀眾。也許是由於他的沉默不語，這類型的客戶總給人一種壓迫感。

心理狀態：這種客戶在銷售員介紹商品時，雖然並不專心，但他仍然非常仔細的分析銷售員的為人，想探知銷售員的態度是否出於真誠。同時，這種類型的客戶大都具有相當的學識，且對商品也有基本的認知，這一點可千萬不能忽視。

策略方法：應付這種客戶，最好的方法是你必須很專注的聽他所說的每一句話，而且銘記在心，然後再根據對方的言詞推斷他心中的想法。

(10) 炫耀財富型。

行動模式：這種類型的客戶喜歡在他人面前炫耀自己的財富，同時他還喜歡在手上戴個金錶或鑽戒，以示自己的身價不凡。

心理狀態：喜歡炫耀財富的人並不一定真的很富有。雖然他也知道有錢並不是什麼了不起的事，不過在面對銷售員時，他唯有如此才能增加自己的信心。

策略方法：在他炫耀自己的財富時，你必須恭維他，表示想跟他交朋友，然後，在接近成交階段時，你可這麼問他：「你可以先付個訂金，餘款改天再付！」這種說法一方面可顧全他的面子，另一方面也可以讓他有周轉資金的時間。

善於「曲線銷售」法

潛在客戶有自己的家庭，有自己的親戚，有自己的朋友，有自己的同事，以及其他各種社會關係。雖然銷售員直接面對的確實只是潛在客戶本人，但是，一個人的思想和行為會受到相關的社會關係的影響。有時候，往往是來自於與銷售本身無關的事情，卻在很大程度上決定了銷售的成敗。因此，

善於「曲線銷售」法

優秀的銷售員非常善於「曲線銷售」，從側面打開成功之門。

霍爾在紐約的一家大銀行任職。有一次，他被指定準備一份有關某公司的機密報告。霍爾了解到，只有一個人掌握著他所亟需的情報，這個人就是某大工業公司的總經理。於是，霍爾前去拜訪。

當霍爾被領進總經理辦公室時，有位年輕的女子從門裡探出頭來告訴總經理，說她今天沒郵票給他。

總經理對霍爾解釋說：「我在替我那十二歲的兒子收集郵票。」

霍爾說明了來意，並開始提問。但那位總經理卻顯得心不在焉，根本無心向霍爾透露半點情報。就這樣，霍爾的第一次造訪失敗了。

該怎樣使那位總經理打開話匣子呢？霍爾絞盡腦汁，終於，他想起了那位年輕女子的話。銀行國際業務部不是收集有許多郵票嗎？那些郵票還是從五湖四海的來信上剪下來的，一般人很難弄到。

第二天下午，霍爾又去拜訪那位總經理。霍爾對傳話人說：「請轉告你們的總經理，我為他兒子弄到了一些郵票。」

總經理笑容滿面的接見了霍爾，他一邊翻弄那些郵票，一邊不斷的說：「我的兒子一定喜歡這張的。看，這張是珍品。」

總經理還興致勃勃的拿出兒子的照片來給霍爾看。他們談了差不多半個小時的郵票。

在接下來的一個小時裡，總經理主動把他所知道的一切和盤托出，並把他的屬下叫來詢問，還掛了合作夥伴的電話。他向霍爾提供了大量的事實、資料、報告等資訊。

產品是面向客戶的，客戶對產品的認可是企業生存和發展的基礎。人總是更關心自身的發展，與自身不相干的事情，即使是卓越的東西，人們都沒有深層的興趣。

銷售過分強調產品的卓越性，而不注重客戶的潛在需求，無形中會造成與客戶的隔閡：你的產品確實優秀，但不能幫我解決問題，我還不如購買性能稍差、卻能解決問題的產品。消費者購買產品首先是因為產品具有針對性，其次是看產品有無卓越性能。

銷售要大膽改變思路：先弄清客戶面臨的問題，再分析自己能為客戶解決什麼問題，將兩者掛起鉤來，採取曲線銷售的策略，銷售的效果就好得多。

曲線銷售能開闊銷售視野，持續創造效益。銷售把客戶的問題放在首要位置，是種靈活的銷售意識。

第七章 使成交前的初次訪問獲得成功

對於銷售員來說，幾乎每天都要拜訪新的客戶，也就是每天都有寶貴的「第一次」，所以一定要重視和把握好每一次的約見。客戶也許不會以貌取人，但一定會特別關注你留給他的第一次印象。客戶有時不需要過深了解你，可能僅憑見你的第一印象，就判斷你是否可靠、真誠和專業。所以，銷售員在第一次拜訪客戶時，一定要做好充分的準備。切記：這一切不是要裝出來，而是由心而發，把你的內在美全部展示出來。當你意識到，銷售的成功在很大程度上取決於客戶對你的第一印象時，你便能設計出最佳形象。當然，要想在初次訪問中獲得成功，還需要掌握一些相應的技巧和方法，只有這樣才能為接下來的成交做好鋪墊。

使用當面約見法

所謂當面約見，是指銷售員與銷售對象當面約定訪問事宜。這種機會是很多的。例如在途中不期而遇時，在見面握手問好時，在起身分手時，銷售員都可借機面約。

面約具有許多優點：

(1) 可以在無形之中縮短銷售員與客戶之間的距離，從而可以消除各種隔閡，建立起親密無間的關係。在友好的氣氛裡，客戶往往會欣然應允。俗話說「見面三分情」。

(2) 有助於銷售員進一步做好接近準備。當面相約，身臨其境，耳聞目睹，對了解客戶的相關情況十分有利。

(3) 可信可靠，有時約見內容比較複雜，只有面約才能說清楚，可以在當時消除客戶的疑慮，做好面談準備。

(4) 面約還可以防止走漏風聲，確實保守商業機密，且簡便易行，只要銷售員略帶微笑，略費口舌，而不要別的銷售工具。

面約也有一定的局限性：

(1) 有一定的地理限制。如果要在近期召開一次訂貨會，銷售員沒有必要也不可能走遍各個銷售區面約所有的客戶。

(2) 即使銷售員完全可以及時面約每一位客戶，但效率比較低。

(3) 面約雖然簡便易行，面釋疑點，卻容易引起誤約。面約一般是口頭約見，慌忙之際難免顧此失彼。一旦被客戶拒絕，就使銷售員當面難堪，造成被動不利局面。

(4) 對於某些無法接近的銷售對象來說，面約方法便無用武之地。不過如果銷售員善於把握時機進行面約，一般都能成功。個別面約光顧，收效更佳。

使用電話約見法

電話約見，重點應放在「話」上。所以，銷售員首先要熟知電話約見的原則和方法。

原則上，銷售員與客戶在電話中，談話的時間要精短，語調要平穩，出言要從容，口齒要清晰，用字要妥切，理由要充分。切忌心緒浮躁，語氣逼人，尤其在客戶藉故推託，有意拖延約見之時，更須平心靜氣，好言相應。如果巧言虛飾，強行求見，不但不能達成約見目的，反而徒增客戶的反感。但在與客戶約定會面的時間和地點時，銷售員應盡量採取積極、主動的行動，不可含糊其辭，以免給予客戶拒絕接見的機會。

下面舉出的兩種有關約定時間的問話，由於表達方式和用語的差異，其效果反應完全不同。

問話一：「林先生，我現在可以來看您嗎？」

問話二：「林先生，我在下星期三下午四點來拜訪您呢？還是在下星期四上午九點來？」

問話一，銷售員完全處於被動的地位，隨時易遭客戶設詞推避。問話二則相反，銷售員對於會面時間已主動排定，彷彿早已料到客戶那時一定能抽空接見，故客戶一時反應不過來，便只好隨銷售員的意志，從上述兩個已排定的時間中，做「二選一」的抉擇，而無法推託了。

使用信函約見法

信函約見的優點不少，為很多優秀銷售人員所採用。

(1) 信件可以直接傳到客戶本人手裡，自己拆閱處理。即使「門衛」和助手有權拆開一閱，因怕誤事，也會及時呈交上司。客戶看到約見信，一般要慎重對待，確有必要時往往會接見，不想會面時便做出解釋。藉故推託時也要講出一些理由，如果客戶拒絕接見，銷售員也不會難堪。如果客戶置約見信於不理，日後銷售員登門闖見，客戶會感到自己有所失禮，在心不安理不得的情況下，只好向銷售員敞開歡迎的大門，以彌補過失，尋求一種心理平衡。可見函約是有助於銷售員敲門的金磚。

(2) 有利於避免約見錯誤。在書寫約見信時，銷售員可以反覆推敲，為求盡善盡美，避免語病和銷售錯誤，不讓客戶留下藉口。在從容不迫的情況下，可以多寫幾句，保證內容準確無誤。

(3) 信函約見靈活機智、用途廣泛，費用低廉。無論就目前的交通條件和通訊條件的限制而言，還是就銷售工作的實際要求而言，銷售員無法面約所有的客戶。在面約不成、電約不行、廣約（廣告約見法）不達的情況下，函約則可以大顯身手。

(4) 函約的傳播媒介是文字，便於銷售員暢所欲言，表達出口頭語言難以表達的種種細節和言外之意，讓客戶盡情體會，細細讀來，回味無窮。

而且約見信便於客戶保存，反覆查閱。當然，約見信應言之成理，言必可信，不可花言巧語或言過其實。

函約也有一定的局限性：

(1) 函約費時較長，遠遠落後於電報、電話、傳真、電視電話等現代通訊手段，因此，不適用快速約見和緊急約見。

(2) 函約不利於資訊回饋。有些客戶對銷售約見信不夠重視，或推來推去，無人過問；或猶豫不決，遲遲不做答覆。或扔在一邊，不了了之。銷售員花費一番心血寄去約見信，卻如泥牛入海，盼歸無期，銷售員只好重新約見。

(3) 無論約見信內容如何詳盡，總難免讓客戶留下一些疑團，無法當面解釋。

(4) 若雙方素不相識，貿然函約，往往使對方莫名其妙，不願接見。

儘管函約具有上述種種局限性，但仍不失為一塊敲門的金磚，一般來說，銷售員可以衝破許多人為的限制，直接接近訪問對象。只要提前做好接近準備，約見時間留有充分餘地，函約謹慎從事，便可以克服困難、消除不利因素，達到約見目的。

使用委託約見法

銷售員往往不能親自接近某些客戶，或者不便親自接近。但是這些客戶並非絕對不可接近，事實上在他們的周圍總會形成一定形式的接近圈，而接近圈內的許多人物周圍也會形成一定範圍的接近圈，與外部世界發生各種連結。在這種情況下，銷售員可以先接近客戶接觸的內圈相關人員，並委託他們約見客戶本人。

這種委託約見可以節省銷售時間，提高銷售效率。銷售員既不可能親自約見所有的客戶，也沒有必要親自約見每一個銷售對象，對於相關具體約見事宜，在銷售員看來也許比較難辦，在被委託人看來卻易如反掌。銷售員應該把握時機，看準對象，進行委託約見。

對於常來常往的客戶來說，委託約見更是一策，既可以密切客戶關係，又可以大大提高銷售效率。

委託約見有利於克服銷售障礙，促成交易。一般說來，被委託人與客戶本人具有比較密切的聯絡，委託約見本身即具有介紹銷售員和銷售品的作用。

此外，委託約見有利於回饋資訊。由於客戶與被委託人的相對接近，往往能夠直言提出異議，這樣就有利於明確銷售重點，克服障礙，提高銷售效果。

發自肺腑的讚美客戶

每一個人都有渴求令人讚賞的心理。讚美的內容有多種多樣，外表、衣著、談吐、氣質、工作、地位以及智力、能力、性格、人品等等。只要恰到好處，對方的任何優點都可以成為讚美的內容。

只要你覺得你的銷售對象有值得讚美的地方，就立即讚美，不要因膽怯而錯過時機。尤其是在形勢對你不利的時候，更不要忘記讚美這個武器。

有一位銷售員向一經銷公司銷售一種裝飾材料，待銷售員介紹完後，經理認為價格偏高。他列舉了十多種不同材料的質地、色澤、強度、產地、型號及價格，並且分析了國內外裝飾材料的現狀和趨勢，他的話簡直就是替銷售員上了一堂裝飾課。這位銷售員突發靈感說：「您真了不起，難怪能當上經理。請問經理先生是如何獲得這些知識和資訊的？」經理很自豪的講起了他的奮鬥史，銷售員興致勃勃的當了半小時聽眾。結束時，銷售員說：「經理願意試試我們的產品嗎？以後您豐富的裝飾知識海洋裡將多一個品種了。」經理愉快的說：「好吧，先拿部分來我們試銷一下。」一個成熟的銷售員在任何時候、任何局面下都能抓住讚美的機會。

讚美除了及時外，還要注意不留痕跡，做到天衣無縫。而毫無誠意的虛偽之詞，恰似拍馬屁拍到馬腿上。

讚美之詞還必須有一定事實根據，倘若對方身材較豐腴，甚至可以說還有點肥胖，你卻誇她身材苗條，這樣的「拍馬屁」是收不到任何正面效果的。理想的辦法是選中對方最心愛、最引以為傲的東西進行稱讚，這樣的稱讚無論怎樣過分，對方都不至於氣惱。

發自肺腑的讚美總是能產生意想不到的效果。身為一個銷售員，必須經常以找出對方的價值為首要任務，這樣，便能使銷售在友好、和諧的氣氛中進行。你要時刻不忘敘述對方的價值，還要設法使對方覺得那實在值得珍惜。對方會因而對自己向來被忽略的價值產生新的認知，從中創造出嶄新的自我。你等於扮演了鼓勵、幫助、創造出他自己的角色，對方對你的好感就會越來越強烈。

讓客戶覺得自己是個重要人物

對銷售員而言，怎樣使客戶認為在你心目中他是個重要人物呢？

成功的人都有種教育人的衝勁，若能有機會去教育別人，那他一定不會放過機會。

一個銷售員，完全可以以一個學生的形象去與客戶打交道，在滿足對方的「教訓欲」中獲得對方的好感，從而達成銷售的目的。

有一個學服裝設計的新人傑恩，他為一家服裝設計室提供草圖。兩年來鍥而不捨的去設計室拜訪著名的服裝設計師吉姆，吉姆從不拒絕傑恩的造訪，但也從不買他的設計圖。經過上百次的失敗，傑恩終於明白自己的方法太墨守成規了。於是，他在潛心思考一番後，終於來了靈感。有一天，他隨手抓起幾張未完成的草圖，衝進吉姆的畫室。

「勞駕，」傑恩說，「希望您幫我一個小忙。這些草圖都沒有完成，請您指導一下，我應該怎樣把它完成？」

吉姆默默的看了一陣草圖，然後說：「把它們放在這裡，也許我能幫得上忙。」

幾天後，傑恩又去了。他獲得了某種建議後，立刻把草圖帶回自己的畫室，按照吉姆的意見做修改。結果呢？這六張草圖終於被吉姆接受了！

過去，傑恩只是催促吉姆買下自己認為他應該買下的東西，而後來傑恩變成了學生，透過向吉姆請教，滿足了設計師前輩的「教訓欲」，並讓他覺得這些草圖似乎就是自己的創造，從而對傑恩及其圖案設計產生好感。

所以，銷售員沒必要在客戶面前證明他有多精明，而應該讓客戶覺得，好的想法都是客戶自己的，同時你願意虛心接受他那「高明」的想法。這時，你就可以得到客戶的好感，從而為銷售產品奠定基礎。

除了向客戶請教以外，銷售員要尤其注意一些具有自我延伸意義的細節。具有「自我延伸」屬性的事物很多，客戶的一切用具都可以說是客戶的自我延伸。衣服、書本、相片等等，可以說，都在某種意義上代表著你，他人對這些東西不敬就等於是對你不敬，對此恐怕沒有人會持反對意見。因此，對於客戶一切具有「自我延伸」屬性的事物，銷售員都要表示尊重。

初訪中適當展現你的幽默

成功的銷售員都認為那種不失時機、意味深長的幽默是一種使人們身心放鬆的好方法。因為它能讓人感覺舒服，有時候還能緩和緊張氣氛，打破沉默和僵局，並為你贏得客戶的好感。

當銷售大師喬．吉拉德請某人在訂單上簽字的時候，客戶卻坐在那裡猶豫不決，對此，喬．吉拉德幽默的說：「您怎麼啦？該不會得了關節炎吧？」這句話常常能使客戶竊笑，繼而忍不住哈哈大笑起來。喬．吉拉德甚至還可能放一支鋼筆在他手裡，然後把他的手放在訂單上說：「開始吧！在這裡簽下您的大名。」當吉拉德這樣做的時候，他的臉上帶著自然大方的微笑，但同時吉拉德又是認真的，而客戶也知道吉拉德不是在開玩笑。

如果這位客戶依然拿不定主意，吉拉德就會說：「我要怎樣做才能得到您的這筆生意呢？難道您希望我跪下來求您？」隨後，吉拉德可能就會真的跪倒在地，抬頭望著他說：「好了，我現在就求您，誰會忍心拒絕一個肯下跪的成年男子呢？來吧，在這裡簽上您的名字。」要是這一招還不能打動他的話，吉拉德會接著說：「您究竟要我怎麼做才肯簽呢？難道您希望我躺在地上？那好吧，我就賴在地上不起了。」

這種方法會讓大多數人捧腹大笑，他們說：「先生，別躺在地上。你要我在哪裡簽名？」隨後，大家都笑了起來——客戶最終簽了名。

如果你在銷售的時候表現出色，那麼客戶是很願意從你那裡購物的。儘管很多人說他們對外出購車常常感到猶豫，但是喬．吉拉德的客戶不會這樣說。人們總是說「與喬．吉拉德做生意是一件很愉快的事情」，相信這句話並不是毫無根據的。

不過，當你跟一位上了年紀的客戶做銷售的時候，千萬別開關節炎之類的玩笑，因為他可能真有關節炎。一旦你冒犯了他們，你就永遠失去了他們的信任。一定要謹慎！當你銷售矯正或修復儀器時，不要觸及客戶的痛處；當你銷售人壽保險的時候，也要注意別開那種病態的、容易引起對方誤會的玩笑。

所以，在你打算輕鬆幽默一番之前，最好先敏感一點，仔細分析你的產品和你的客戶，一定要確信不要激怒對方，因為某些幽默對有些人來說根本不起作用，說不定還會適得其反。所以說，幽默可以為你贏得客戶的好感，但你要運用得巧妙，有分寸、有品味。

不要有第一次的逃避

挨戶銷售是銷售工作的不變的基本原則。可有些銷售員面對一些「豪門大廈」或「別墅雅舍」時覺得很自卑，因而躊躇不前。於是便抱著避難就易的心理，把挨家挨戶銷售變為選擇銷售。

假定你來自小企業或來自小地方，或者你的商品還未在市場上打開銷路，也許有過這樣的感嘆：

「好氣派的公司，一定瞧不上我！」

「大都市的人一定會看不起小地方來的人！」

「這麼有名的企業會使用我的商品嗎？」

於是便一一略去，自以為要去尋找「適銷對路」的使用者。

你或許聽過銷售員這樣的論述：

「OO公司的總公司不好講話！生意難做！」

「OO地方的人很野蠻，不要去招惹比較好！」

「OO公司的規矩太古怪，真讓人難以忍受！」

「OO地方交通不便，吃住條件差！」

於是便自認為英明而不去「自討苦吃」了。這些心理是破壞挨家挨戶銷售原則的元兇。

應該記住，逃避不能有第一次，第一次便是第二次、第三次的開始。所以不應該的事情不能有第一次。

莎士比亞說過：「猶豫不決、躊躇的心理是對自己的叛逆。如果害怕嘗試，那麼此人絕對無法掌握住一生的幸福。」所以，與其說是你在一次一次的逃避困難，不如說你一次一次的趕走了成功。

銷售員碰到豪門，總抬不起敲門的手，生怕會被別人小看或像對乞丐那樣轟出來，其實是心存自卑。難道銷售員是上門乞討的窮乞丐，或者看似家境寒酸？記住，有錢，就有購買力，也有很強烈的購買欲。任何人都需要消費，沒有消費就無法生存，可見銷售工作的重要。為什麼要怕？怕難纏？怕羞辱？從事銷售工作就要有克敵制勝的信心。

一次躊躇、一次逃避是另一次躊躇和逃避的開始。銷售員的訪問銷售只有一個原則：「挨家挨戶銷售。」一家也不要逃避，一家也不要漏過，逃避和漏過一家，就失去一次成功的機會。

懂得「望、聞、問、切」

日本著名經濟評論家高島陽說：「一見面就談生意的是二三流的銷售員。」銷售員之間也有句格言：「多言之客以耳聞，少言之客以口問。」意思是銷售員與客戶面談時要多以耳朵聽，以嘴巴問，切忌多言。

坐在火車上可能會聽到鄰座兩位太太的對話。如甲太太滔滔不絕，高聲談論她那剛進某名牌大學的兒子有多好多好，言語間充滿望子成龍之情。而乙太太只是唯唯諾諾聽著，偶爾幾聲附和：「哦，那太好了！」、「嗯，不錯。」、「真的？」、「是嗎？」甲太太的喋喋不休會使臨座十分厭煩，卻對乙太太深抱好感。

懂得「望、聞、問、切」

銷售員也是一樣，言語太多便會招人反感。最理想的面談模式應該像醫生看病一樣。醫生看病離不開望、聞、問、切。望即觀察病人的氣色、精神、舌、頸；聞即聞其聲音、氣味、心跳；問即問其症狀、痛處；切即把脈、觸其體。醫生很少跟病人高談闊論，其望聞問切之法，很值得銷售員學習借鑑。

所謂「銷售員的望、聞、問、切」即是：

1、望

銷售員拜訪客戶，第一件事是觀察其經濟水準、教育程度、興趣愛好以及房間擺設、購置的商品及其廠牌號，從而確定交談的方向。

2、問

探查對方的購買欲、購買力和購買決定權，如不能掌握這三項，則無論你怎麼天花亂墜，也只是白費口舌，一個人唱獨角戲罷了。

3、聞

要打開對方的話匣子，就不要打斷對方的話題，如果對方喜歡說，就盡量讓他說，你可不時提問、附和，以引導他提供你所需的情報。

4、切

「通觀全局」，歸納出對方的特點和弱點，他喜好什麼？他顧慮什麼？他的購買欲有多強？他的購買力有多大？然後對症下藥，發揮出你的商品的優勢，使對方認定只有購買你的商品才最符合他的需求。

總之，銷售商品不從銷售商品本身開始，首先要了解對方的一般狀況。所以，銷售員不僅要具有三寸不爛之舌，還得是懂觀察、分析、判斷的人。

一定要準時赴約

信用是企業的生命。信用有小信用和大信用，大信用固然重要，卻是許多小信用的累積。有時候，守了一輩子信用，只因失去一個小信用而使唾手可得的生意泡湯，好比柱子被白蟻蛀壞而使整個房子倒塌一樣。這個使房子倒塌的白蟻就是不守時。不管是約會時間、交貨時間還是完工時間，一定要守時。不守時就沒有任何信用可講。

東延是超市冷凍櫥窗的銷售員。有家商店要改裝設施，想購買這種冷凍櫥窗。東延便與店主約好時間面談。不料一見面，店主卻冷若冰霜，幾乎置之不理。

「你這人真不守約，說好要來卻沒來，還耽誤我開店。我已向別家公司訂貨了。」

原來在電話裡約定日期時，東延把「一號」聽成了「七號」，一字之差，卻差之毫釐，繆以千里。

不管是電話裡約還是當面約，一定注意要把約定時間弄清楚。

(1) 說了幾月幾日後最好追加是星期幾。

(2) 要交待清楚是幾時幾分，否則對方早上等你，你卻晚上才去，很可能就見不到，甚至引起對方不滿。

(3) 約定地點一定要交待清楚，否則同樣一個捷運站，對方在一號出口等你，你卻在二號出口等他。

按約定時間赴約時，要遵守一個原則，就是提前幾分鐘到，寧可讓自己等人，也不能讓對方等你。提前的意義，不僅是使自己心裡有充分準備，不致見面時慌慌張張，而且中途如出了意外，也可有充裕時間解決問題，不至於遲到。

遲到的謙疚會使你與對方一見面就屈居劣勢。因此無論如何都不要遲到，若萬不得已，你應先打個電話給對方說明理由，這比遲到後再道歉更容易得到對方諒解。

掌握遞名片的方法

有人做過這樣的實驗，課堂上老師說：「請大家把手上的筆放在桌上。」結果幾乎所有的學生都沒有把筆尖指向自己。

這並不是特別訓練出來的，也不是因為這樣取筆方便，而是筆尖容易弄髒衣服或戳傷自己，所以這實際是一種防範措施，也可以說是一種對尖銳之物所積留下的不快、恐怖和忌諱等潛意識的反應。

日常生活中，用手指指人是極為無禮的行為，因為手指是一種尖銳之物，而尖銳之物是可傷人，所以用手指指人就具有挑釁的意味，從而使人反感和產生警戒心。而以消除客戶警戒心為第一要務的銷售員就忌諱用手指或尖銳之物指向客人。

有一位銷售員去拜訪某公司經理，遞名片時，用食指和中指夾著名片遞給別人；而且理應遞到對方手中，他卻將名片放在桌上，引起那位經理大為不快，結果可想而知。

因為名片也是一種尖銳之物，用食指和中指夾著遞給對方，實際是以尖銳的東西指向對方，猶如用手指指人，是極不禮貌的，當然會引起人家反感。

正確的名片遞法有以下三種：

(1) 手指並攏，將名片放在掌上，用大拇指夾住名片的左端，恭敬的送到對方胸前。名片上的名字反向對己，正向對對方，使對方接到名片就可以正讀，不必翻轉過來。

(2) 食指彎曲與大拇指夾住名片遞上。

(3) 雙手的食指和大拇指分別夾住名片左右兩端奉上。

以上三種遞法都避免了「尖銳的指尖」指著對方的禁忌，其中尤以第三種最為恭敬。

也許你認為這是區區小節，不足掛齒。其實，有時候遞名片的方法不當會使銷售工作馬失前蹄。

銷售員幾乎每天要遞上好幾次名片，希望那些立志成為傑出銷售員的人千萬別不拘這個「小節」。

接受名片有講究

有些人在訂做的襯衫上繡上自己名字的英文縮寫，也有些人要帶鑲有名字縮寫的項鍊，這不是怕和別人的東西混淆，或是怕失竊，而是為了凸顯自己名字的重要性。很多人終生奮鬥就是想成功出名或萬世留名。名字是人的第二生命，是生命的延長，汙辱了一個人的名字，等於汙辱了他本人。

而名片正是名字的具體象徵，它代表一個人的身分。銷售員在日常工作中常常要接受名片，而接受方式恰當與否會影響你給對方的第一印象，因此必須懂得如何禮貌的接受名片。

(1) 空手的時候必以雙手接受。如果別人以此種方式接受你的名片，你一定很高興。

(2) 接受之後一定要馬上過目，不可隨便瞟一眼或有怠慢表示。

(3) 遇到名字難讀時要虛心請教：「對不起，請問大名怎麼讀法？」請教別人的名字怎麼讀，絲毫不會降低你的身分，更不會傷害對方，只會使對方覺得你很重視他。

(4) 一次同時接受幾張名片，並且都是初次見面，千萬要記住將名片與人對上號。如果是在會議席上，不妨拿出來擺在桌上，排列次序和對方座次相一致。這種舉動同樣不會失禮，只會使對方認為受到重視。

(5) 把對方的名片放在桌上，聊得高興時把東西隨便壓在名片上的大有人在，這等於是把對方的臉壓在屁股下面一樣，會使對方感到受了汙辱，一定要小心。

(6) 很想得到對方名片，而對方卻沒有給你，這種情形經常出現。過於內向、被動的人無法成為一個優秀的銷售員，你大可以向對方請求，「真冒昧，如果方便的話可否給我一張名片？」這樣做，只會提高對方的身分，沒有什麼不妥的。

名片是對方人格的象徵，尊敬對方的名片就等於尊重對方的人格。當對方感受到你對他的尊重時，必然會增加對你的好感。因此，接受名片的禮貌直接影響你的銷售成績，切不可等閒視之。

吸引客戶的首先是銷售員的人格修養，銷售員要想在競爭中取勝，首先要在做人的競爭中取勝。接受名片的禮貌雖是小節，但一個人的修養往往突出表現在小節上。

讓客戶留下深刻的印象

據說以前的酒吧女郎在轉身離去時總要留下一條手絹，意思是要客人撿去當做紀念，日後睹物思人會再來「捧場」。這就是留下深刻的印象，叫客人回味無窮。一個酒吧女郎身帶五六條手絹並不稀奇，這是她們的銷售工具。

訪問銷售，既是訪問，必有辭去的時候。這時，你讓客人留下了一個印象，它的好壞直接影響到你的銷售成績。然而，沒有發現這個印象的銷售員卻大有人在。強迫推銷的銷售員多半會把門砰的一聲關上。凡是出色的銷售員，都運用了這個印象的魅力。

日本有一位旅館老闆就是以印象取人的人。有一天晚上，他在客房裡呼喚聽差，於是聽差的進來：「先生有什麼差遣？」

老闆凝視著他說：「沒有，下去吧！」

於是聽差的回去了，可不一會兒老闆又呼喚聽差，又一位聽差進去。

「沒事，下去！」

如此四五回，最後有位聽差的臨下去前順便撿起地上一片紙屑帶下去了，於是老闆大加讚賞：

「嗯，不錯，心很細。」可以說，這位老闆就是根據聽差的印象來評價他本人的。

銷售員訪問時自然很重要，可辭去時更加重要。被拒絕了，就立刻拉長臉，砰的把門關上，這是縮小市場的做法。

那麼怎樣才能留下難忘的印象呢？以下是必遵守的幾個要點：

(1) 即使對方拒絕了，也不能忘記說聲「謝謝」。突然光顧，光是客戶願意聽你的銷售詞就值得感謝了。

(2) 辭去時和訪問時同樣恭敬。

(3) 門將關上時，再一次向對方表示出禮貌的態度。

(4) 關門的動作要溫文爾雅，不可大聲粗暴。

俗話說「去時要比來時美」，才能給人深刻的好印象。正如一首詩，無論開頭多麼「氣勢磅礴」，若結尾軟弱無力，都不會是首好詩。但如果開頭平淡無奇，而結尾句餘韻無窮、意境深遠，卻堪稱是首好詩。

如果你銷售的是貴重商品，不一定一次訪問就能成功，你可能要跑好幾趟，那麼請記住：第一次的辭別是決定下次訪問是否受歡迎的關鍵，請讓人留下深刻的正面印象吧！

巧妙看穿客戶的腰包

英國有句諺語：「空袋子豎不起來。」日本有句俗語：「空袖直不起來。」中國也有句古語：「巧婦難為無米之炊。」銷售員必須明白M、A、N法則，即M（Money）購買力，A（Authority）購買決定權，N（Need）購買欲。其中購買決定權和購買欲可以說是有彈性可講的，只有購買力──錢是實實在在，虛假不了。沒錢就是沒錢，面對沒錢的客戶，銷售員的一切努力都無濟於事。

所以看清對方的購買力是相當重要的工作：

(1) 古語「佛靠金裝，人靠衣裝」，從衣著好壞，多少可以測出對方經濟水準。當然，現代社會服裝普遍提高，加上有許多人並不重視衣著，所以衣著並不是測試經濟實力的唯一標準。現在裝潢和家具也是一項重要依據，有錢人花在裝潢上的錢可能比房子本身還多，家用電器多不但表示購買力大，還表示購買欲強。

(2) 如果從衣著或裝潢、家具看不出來時，可以試問：「您喜歡什麼業餘活動？」要盡量出之於輕鬆聊天中，不要讓對方察覺出你的意圖。業餘活動也是有等級之別的，例如有人喜歡打高爾夫球，有人喜歡郊遊等，只要對方誠實回答，其經濟狀況也可大抵掌握。

(3) 如果對方強調自己有錢，你要當心他可能口袋裡沒有多少錢，古語有「真人不露相，露相不真人」之說，有些人是腰包裡空空，而嘴巴逞強。這種人可能對你的商品讚不絕口，垂涎三尺，其實無力購買，你若不及早發覺，便會「虛度光陰」了。

可以說，掌握客戶的購買力是很難的，弄不好「有眼無珠」，視有錢的為沒錢的，卻把沒錢的看成暴發戶，不僅是鬧笑話，更使你的銷售受到損失。所以，看穿對方的腰包雖然有訣竅，但非常微妙，不可言傳，只能從經驗中慢慢揣摩。

如何識別關鍵人物

在銷售過程中，能否準確掌握真正的購買決定者，是成功的一個關鍵。跟沒有購買決定權或無法說服購買決定者的人，無論怎麼拉關係、講交情都無益於銷售，至多只能增進友誼罷了。如果純粹是為了交友、增進友誼，當然是件美事。但在銷售過程中，銷售員交際是為了銷售，就不能單純講所謂的「君子之交」。如果銷售員弄錯「討好」的對象，就只能是對牛彈琴，白白浪費寶貴光陰了。

有一次，銷售員旭坤為了一筆希望很大的生意，三顧茅廬，甚至有時談到至深夜。最後一次深夜，正當他從客戶家的洗手間出來，走到走廊上，忽然聽到一個老婆婆用沉重的語氣對他的「客戶」說：「說實在的，我不同意。前幾天他來時，看到我連聲招呼都不打，根本沒有把我放在眼裡！為什麼我非得掏腰包？我活了這麼大把年紀，從未用過電熱毯，不也過得很好嗎？東西那麼貴，我可沒錢！」

這使旭坤大吃一驚，恍然大悟：這個自己前幾天來時都未正眼瞧的老婆婆，卻是真正的伏兵。

他做夢也不想不到是這個老婆婆有購買決定權。

於是，他再也待不下去了，便匆匆告辭。回到家他輾轉反側，不能入睡。怎麼辦呢？怎麼才能緩和老婆婆的敵對情緒呢？他被這個問題纏繞著。第二天，他路過一家電器商店時，突然靈機一動：對，買床電熱毯送給老婆婆。可是怎麼送去才適當自然呢？於是他去戶籍處查了資料，高興的得知還有二十天便是老婆婆的古稀壽誕，便在電熱毯上繡上「恭賀古稀壽辰……」贈送給了這位一輩子未用過電熱毯的老婆婆。

不用說，老婆婆一定會驚喜一場。可對林先生來說，他掏錢買人情，一是表達了自己的敬老之意，重要的是對他自己的懲罰。告誡自己今後再不能這麼「有眼不識泰山」了。

一個家庭中，究竟誰是購買決定者，一般來說，正常情形是夫妻共商，有時是妻子作主，有時丈夫作主，有時候是丈夫出面談判，妻子幕後指揮。在日常用品方面，妻子往往是有決定權的。但有時候會出現伏兵四起、奇兵難料的狀況，從老婆婆到小孫子、小姑，每個人都可能是關鍵人物。

所以，在一個家庭或公司裡，千萬不可「從門縫裡看人」，最好是對任何人都客氣禮貌，俗話說「禮多人不怪」。有時候一個其貌不揚的人坐在你身旁，你以為是普通職員，甚至是打雜工人，其實他可能就是老闆。

利用等候時間收集資訊

當你第一次買鞋時，可能並不知如何挑選是好，買回去沒幾天鞋底脫了膠，而當你第二次買鞋時就會特別注意鞋底是否黏得牢了，這樣，鞋底是否黏牢便是你購買鞋的要點。

銷售員的銷售要點是否能和客戶的購買要點合而為一，是決定銷售員和客戶能否「結緣」的關鍵所在。如果不能合拍則南轅北轍。因此，銷售員要及早發現客戶的購買要點。

在銷售活動中，銷售員有許多「等候時間」，如果不充分適當運用這個時間，則白白浪費了大好時光；對於會利用時間的人來說，這是一個黃金時光，利用它去竭力發現客戶的購買要點，並預先想好應付的對策，那麼當約會時間一到，和客戶面談時，你就可以有許多有效的談話資料。

銷售員很可能會在門口、在飯廳、在公司接待室等任何一處停留等候，而等候時間有多長，有時候很難預料，有的人在傻乎乎的乾等，有的人焦躁不安、心神不定，也有的人在靜靜思考對方的購買要點以及如何應付，這裡便看出了銷售員素養和能力的高低之分。

銷售員應該充分利用等候時間，並努力培養自己具有兩種能力。

1、觀察力

在工作中，銷售員要養成把一切所見、所聞、所觸的東西都與自己工作緊密相連的習慣。每當等候時，應訓練自己能用眼睛一掃就把房間的一切擺設和人物活動的情形盡收眼底，進而總結出這個家庭或公司的特點。

例如，牆上掛著網球拍，還貼著許多世界網球明星的照片、畫像，你就應該知道這個家庭中的某人一定喜歡打網球，或是個網球迷，那麼，你的談話資料就可以從網球開始或集中在網球方面，進而引起對方共鳴，打動對方的心。

2、聯想力

光是會觀察還是不行，還必須將所見所聞與其他事物做連結。

比如你看見房裡擺著許多做工精巧、質地細膩、式樣高雅的瓷器，你便說：「哦，要是家父看到您收藏了這麼多精美瓷器，一定會羨慕不已……」這樣，就和其他事物有了連結，避免直接讚賞而顯得帶有恭維。

總之，知己知彼才能百戰不殆，而等候時間正是收集情報、準備作戰的時機。如果你能利用這段時間發現對方的購買要點，就大大增加了你的時間價值。所以，平常要努力培養觀察力和聯想力，具備這兩種能力，你才能思考出應付對方的談話資料，以發揮口才、打動客戶的心。

情論重於理論

銷售商品，只有在客戶的心被銷售員打動後才能談成。也就是客戶與銷售員能夠「心心相映」，結下不解之緣。而這種感情的結緣，光靠理論的高深是毫無用處的。

銷售員與客戶的交際好像在「談戀愛」，能夠把戀愛技巧運用到銷售上的人一定是成功者。試想，你如果看上一個文學院女孩，第一次見面就跟她大談數字、物理、邏輯，那你百分之九十九要失敗。而同樣，銷售員如果與客戶一見面就大談商品、談生意，談些深邃難懂的理論，那他一定會商場失意。

另一方面，善於辯論，說起話來理論上一套一套的，可在商場卻四處碰壁的銷售員，也不乏其例。

有位銷售員剛剛大學畢業，他曾是大學辯論會的優勝者，便自以為口才非凡，而沾沾自喜，平常說話總是咄咄逼人。可工作幾個月卻成績十分落後，請看下面一段他與客戶的對話，就可知其因了。

「我們現在不需要。」客戶說。

「那麼是什麼理由呢？」

「理由……？總之我先生不在，不行。」

「您的意思是，您先生在的話，就行了嗎？」銷售員出言不遜，咄咄逼人，終於把這位客戶惹惱了：「跟你說話怎麼那麼麻煩？」

銷售員碰一鼻子灰出來，還對別人說：「我說的每句話都沒錯呀，她怎麼生氣了？」他以為自己的話句句合乎邏輯，卻不想他的話一點也不合乎情理。

銷售員與客戶結緣，絕對用不上什麼高深理論，最有用的可能是那些最微不足道、最無聊、甚至十分可笑的廢話。

因為客戶對銷售員的警戒是出於感情上的，要化解之，理所當然，「解鈴還需繫鈴人」，除用感情去感化，理論是無濟於事的。

AIDMA 銷售法則

所謂 AIDMA 法則是銷售活動的法則之一。它顯示了客戶的潛意識消費欲望如何被引導出來，以致決定購買的心理過程。

A：Attention（引起注意）——花俏名片、提包上繡著廣告等是被經常採用的引起注意的方法。

例如銷售人壽保險成功的銷售員，在名片上印著「76600」的數字，表示著平均每人一生的吃飯頓數，從而引起對方注意的怪招。

I：Interest（引起興趣）——通常使用的方法是精緻的彩色目錄、相關商品的新聞簡報加以剪貼。有些銷售員還自己製作編排新穎別致的目錄，加上自己拍攝的廣告照片，一方面增加親切感，另一方面也增強說服力，可謂一舉兩得。

D：Desire（喚起欲望）——銷售茶葉的，總是要隨時準備著茶具，為客戶沏上一杯香氣撲鼻的濃茶，客戶一品嘗到茶香，便會立刻引起欲望，從而掏腰包購買。銷售汽車的要舉行試車會；銷售房產的，要領客戶參觀房子。總之，「百聞不如一見」，如果讓客戶親身感受到商品的魅力，就能喚起其欲望。

M：Memory（留下記憶）——客戶在產生欲望後，如果是廉價商品，很可能會衝動購買，但如果是貴重商品，客戶就會用理智仔細考慮。所以要努力增加客戶對你和商品的印象。比如登門訪問前寄一張明信片，或拜訪時帶一些禮物等，都是增加對方印象的好辦法。

一位成功銷售員談他的經驗時說：「每次我在宣傳自己公司的產品時，總是拿著其他公司同類產品的目錄，一一加以詳細說明比較。因為如果只說自己的產品有多好多好，客戶就會以為你在吹牛，反而想多多了解其他公司的產品，而如果你先提出別公司的產品，客戶反而會肯定你的產品。」

A：Action（購買行動）——從引起注意到付諸購買的整個銷售過程，銷售員必須維持十足的信心。如果銷售員對自己的商品缺乏自信，客戶當然會對你的商品產生疑慮，從而選購其他廠牌的商品。尤其是在最後簽約成交階段，自信萬不可動搖；否則會使客戶泄氣，從而難以完成生意。

當然過猶不及，過分自信也會引起客戶的強烈反感，以為你在說大話、吹牛，從而不完全相信你的話。

總之，AIDMA 法則是銷售活動中必須遵守的法則，銷售員切不可疏忽。

與自己的潛意識鬥爭

有一位在經濟蕭條時仍「生意興隆」的銷售員，他在談起他的過去時說道：

「我剛做銷售員的時候，總喜歡開著門，站在門口跟客戶談話，好像預備著一條退路，如果『談判破裂』就趕緊出來。後來，我覺得這樣極不利於自己去全力銷售。所以每次銷售時，我進門的第一件事就是去關門，就好像是破釜沉舟，堵死退路，必須使談判成功順利。」

「另一方面，每當我想跟某人好好談一談時，如果房門是半掩著，外面的噪雜聲音傳進來，眼前就會呈現一片混亂，心也不能靜下來。」

的確，銷售員一旦被請進客戶的房間，如果身後的房門未關，他就會下意識的認為要是遭到拒絕，馬上就有退路，一轉身就可逃脫那尷尬的場合。對客戶也是一樣，如果房門開著，他就會下意識的認為，討厭的銷售員趕緊離開吧！這樣雙方都難以靜下心來商談買賣。

美國某戲院曾做過一次試驗。正當放映電影的時候，在銀幕下面映上一行不太醒目的清涼飲料的廣告詞，電影結束後，詢問每一個觀眾是否注意到那個清涼飲料的廣告詞，回答注意到的才百分之十六，可是這種清涼飲料的銷售量卻因此上升了三成。

這說明人們在決定購買某一商品時，會受到一種潛意識的影響，並不一定是經過理智思考的。上述清涼飲料的廣告詞，是觀眾正專注於電影情節時出現在銀幕一角的，觀眾是在半意識狀態中，未經理智思考的過濾而吸收並儲存到了潛意識裡，好像一種催眠。當觀眾走出電影院時，雖然已經忘了被「催眠」了什麼，但這種清涼飲料的名字已在潛意識中留下烙印。當他在市場看到該種飲料陳列在櫃台中和貨架上時，便一下提醒了在潛意識中的那段記憶，很自然的選購了這種清涼飲料。

銷售過程也是一種客戶不願買、銷售員「硬」要賣的意識戰，在這場「戰爭」中，銷售員要採取「攻心」戰術，把自己和商品烙印在客戶的潛意識中。所以，作戰時銷售員自始至終都要保持旺盛鬥志，把嘈雜的聲音關在門外，使銷售員和客戶都杜絕逃跑的心理。當然，如果房子裡只有一個女性時，男銷售員就不便關門了，否則會引起對方高度警戒，反而弄巧成拙。

總之，銷售活動是一種心理戰，更是一場潛意識的戰鬥，在戰術運用上要隨時間、場所、場合的變化而隨機變化，切不可拘泥僵化。

不給對方說「不」的機會

有些銷售新手不知道怎樣開口說話，好不容易敲開客戶家門，卻硬邦邦的說：「請問您對○○（商品）有興趣嗎？」「有沒有打算購買○○（商品）？」得到的回答顯然是一句簡單的「不」或「沒有」，然後又搭不上腔了。

不給對方說「不」的機會

那麼，到底有沒有讓對方不說「不」的辦法呢？美國有種科學催眠術，就是在開始催眠時，首先提出一些讓對方不得不回答「是」的問題，這樣多次問答後，就可以在真正催眠時使對方形成想答「是」的心理狀態。

銷售員的開場白也是一樣，首先提出一些接近事實的問題，讓對方不得不回答「是」，這是和客戶結緣的最佳辦法，非常有利於銷售成功。

下面是一位成功銷售員的開場白。

「哦，好可愛的小狗，是約克夏種的吧？」

「是的。」（事實如此，不得不這麼回答。）

「毛色真好，您一定每天都替牠洗澡，很累吧？」

「是啊，不過是一種喜好嘛，就不覺得太累了。」（對方很高興的回答。）

每當這位銷售員遇到愛犬人士，總是這麼與客戶搭上腔，一方面因為他本人也喜歡養狗，另一方面，這種方法確實容易引起對方共鳴。從而引導對方做出肯定回答，再逐漸轉移話題，「言歸正傳」。

首先拋出容易被別人接受的話題，是說服別人的基本方法。

銷售員如果一開始就說：「您要不要買我的商品？」總是不能奏效，所以不如先談些商品以外的問題，談得投機了再進入正題，這樣對方就容易接受了。

因此，凡屬「結緣」的事，都不能操之過急，要慢慢來，由遠而近，由輕鬆的閒聊到嚴肅的交易，按部就班，逐步深入。

起坐與客戶保持平等

一個女孩子坐在公車上，如果旁邊站著一位男子，和她靠得很近，她便會懷疑男子在她頭上毛手毛腳，因而不時抬頭看看，其實男子一直緊抓著扶手欄杆，沒有碰過她一根頭髮。

辦公室裡你在寫信（你不想讓別人了解其內容），如果桌旁站著一位同事在打電話，你會猜想別人是否在看你寫信，便下意識的蓋住寫的內容，其實別人一直在專心打電話。

為什麼會產生這種疑惑心理？這並不是無緣無故的。這就是由於相對位置的高低影響了情緒的安定，低的一方會強烈感到不安，好像對方高高在上，而自己「位卑屈尊」。

許多人需要或善於利用自己的高位勢給予對方心理上的壓力。

比如，法庭上審判官判決案件、傳教士講經布道、老師授課、上級做報告、訓話等都是高高在上，往往使對方在心理上一開始就屈居一種不得不就範、順從的劣勢。

銷售員和客戶之間進行的一場心理戰，雙方都不願意在心理上屈居劣勢。所以雙方見面，如果讓客戶屈居劣勢就會引起客戶反感，是不利於銷售的，而如果銷售員自己屈居劣勢，說話就大不起聲來，言詞也就缺乏自信心，同樣是不利於銷售的。

因此銷售員與客戶面談時，起坐要盡量與對方保持平等。對方站著，你也站著，頭不要抬得過高；若對方坐著，你也要坐下來。

具體要努力做到下面兩點：

1、盡早找個位子坐下

假如有多於一分鐘的談話機會，你最好考慮先坐下來。比如你說：「關於這一點，我帶了些說明資料——可以坐嗎?」於是一面從皮包中拿出資料，一面找個位子坐下來。而站著的對方便會不由自主的一面接資料，一面坐下來。如果對方無處可坐時，你便只能站著。

坐下來便可以「慢慢」談了，有了這個氣氛，你就可安心說話，對方也會「洗耳恭聽」了。

2、借個椅子

如果是訪問公司或機構等單位，即使對方沒有請你坐下，你也不要拘謹的站著，而要毫不客氣的找個位子坐下來。如果你說：「對不起，借張椅子，可以嗎?」對方一般不會拒絕的。

其實，我們日常生活中總說：「坐下來慢慢談。」站著說話都表示時間短暫，幾句話就結束。而銷售員說服客戶需要一定時間，必須「坐下來慢慢談」。

為第二次訪問創造機會

銷售界有句俗話：「第一次訪問的結果是第二次訪問的開始。」新手或不熟練的銷售員失敗的原因之一是，沒有創造一個再次訪問的機會就回家了。而一般貴重商品除了很幸運的場合，一次訪問就成交的實在少之又少。特別是高價商品，如汽車、房屋等，訪問三四次乃至上十次才成功的例子是司空見慣的。

那麼，怎樣在告辭時製造再次訪問的機會呢？這便需要根據具體情況分別對待、因人而異了。

1、對付優柔寡斷型的客戶要明示再訪日期時間

面對這種客戶，只要還有一線希望，你都應該再做一次訪問。當你辭別時，你應該說：「好，下星期六下午兩點左右我會再來做更詳細的說明。」具體指明時日，以觀察對方反應，如果對方沒特別反對，就表示默認了；如果對方說：「不行，下個星期六我沒空……」，你就說：「那麼下下個星期六我再打擾好了。」而如果你問「下次我什麼時間來打擾方便？」就是一種愚不可及的預約方式。

2、對於自主果斷型的要由他決定

具有獨立性格的自主果斷型的人多半不喜歡被人安排指定約會時間。對於這種人，你可先試探：「下個星期六或哪天我再來做一次說明？」或「什麼時間來比較恰當？」總之盡量避免侵犯他的自主權。

3、暗示下一次定會再訪

如果你未得到約定時間，就以為下次不能再來訪問，就是死腦筋了。如果對方很冷淡的說：「我們目前不需要這個東西。」你千萬別灰心，你可以接著說：「好的，既然如此，下次我再帶 OO 型的產品來供您參考。您認為不合適也沒關係。」這樣不就創造了再次訪問的機會了嗎？因為你已表示你還要再來，而且要他再度聽你的銷售。

老期待一次訪問就成交是愚蠢的，以為下次再也不走進這個家門，則更愚蠢。聰明的銷售員會與已訪問的人家結下不解之緣，一次、兩次乃至數次去訪問。

一個銷售員在告辭時所說的話和做的事，關係著下次訪問是否容易推進展開，所以要特別小心注意。

第八章 使成交前的再訪獲得成功

所有的銷售都不可能是一蹴而就的，所以初次訪問成功之後，必定有再次訪問。初次訪問的成功意味著一個良好的銷售開頭，有經驗的銷售員能很好的把握再次訪問的機會，促使最後成交。優秀的銷售員會在再次訪問的過程中運用一些語句技巧與用詞，讓客戶感到親切友好的同時拉近自己與客戶之間的距離。優秀銷售員的最高境界是與客戶交朋友，把每一個客戶都當做自己的朋友，並且保持聯絡、增進溝通，不會在談業務之後就把客戶忘記了，他們都懂得不定期或定期的與客戶聯絡和交流，以增加彼此的感情，促使以後的成交。

為再訪做好準備

「上次訪問的尾聲就是下次訪問的開始」。即使客戶拒絕了你，你也同樣需要一個良好的結尾，為下一次來訪做鋪墊，因為銷售是一個不間斷的持續過程。

銷售是人與人之間的交流，個人行為一定要小心，往往一個細小的動作就能改變客戶的看法。因此，無論是否明確了再訪約會，在離開時也千萬不能放鬆，且不可「虎頭蛇尾」。

第八章 使成交前的再訪獲得成功

為再訪做好準備

在離開時請注意以下幾點：

(1) 關門時動作要溫和要輕；

(2) 離開要和來時一樣恭敬；

(3) 再次表示禮貌的態度和感謝。

那麼，怎樣才能真正做好再次拜訪的準備呢？你可以從以下幾個方面著手。

(1) 初次訪問時的再訪準備工作。

① 不提出拒絕的結論；

② 銷售自己，令對方信任你，減少再訪被拒絕的機率；

③ 佯裝忘記而約定下次再談；

④ 將研究題目給予客戶。

(2) 遇到客戶不在時的處理。

① 客戶不在時，對於接待你的人，必須讓其留下良好的印象並簡單積極的解答其問題，那麼在再訪時他們將給予你有力的幫助；

② 客戶不在時，可留下名片和廣告資料，同時必須預約下次會談的時間。

(3) 無法接近時。

留下商品資料、目錄、模型等能引起客戶關心的東西；向他聲明，你會再來拜訪，並留下產品的促銷方案。

前次訪問結束時，如果贈送模型、樣品、試用品或產品相關的禮物的話，再訪時就可說：「先前送您的東西，用過了嗎？效果怎麼樣？使用後的感覺如何？」

(4) 再訪時間應慎重考慮。

(5) 再訪時應保持適當的風度。

(6) 再訪前可向對方寫一封問候函或致謝函，以加深對方的印象。

(7) 再訪前應與上司商量，以獲得明確的指示。

再訪的關鍵點

1、當對方下逐客令並表明要你不要再來時

有些不打算訂貨的客戶常對來訪的銷售員下逐客令並表示希望他今後不要再來了。有的會比較婉轉的說：「若要訂貨，我會打電話給您的，在此之前請您不必勞駕空跑了。」有的則會直言說：「您來多少次都沒用，我們就是不想訂貨，所以請以後不必再來了！」

對於滿腔熱情的你而言，上述情況可以說是一個沉重的打擊。但是儘管如此，如果你垂頭喪氣、扭頭就走，那可真是太不高明了。「乾脆另找門路嘛！何必在這裡受窩囊氣」等想法也非上策，要

知道別的客戶也可能會如此。別著急，仔細想想還是有辦法的。

譬如：「您的一席話對我有很大的啟發。生意方面的事情就此作罷，但請允許我能經常來向您請教。」藉此取得讓自己下次再來的機會。這樣一來，只要能繼續訪問就有做成買賣的機會，因為事情一直在變化。

2、採取所有的必要措施

當有成交的可能性，但對方一時無法說服自己做出決定或非常難對付時，必須採取必要的措施。此時，在興趣與心理上採取攻勢將特別有效。

譬如音樂、攝影、雕刻、繪畫等，對方喜歡哪一種，你就和對方談那一方面的問題。你可一邊向對方請教以提出這一方面的話題，一邊專注傾聽對方所發表的高見，即使對方連說一個小時，你也要像小學生聽老師講課一樣洗耳恭聽。

興趣愛好方面的交際可使對方輕易忘記交易上的警惕心理。若你手段高明或投其所好的話，即可贏得對方的信賴。

有時，贈送禮品效果也很好，但是只有在確信對方會高興的接受時才可實施，否則會適得其反。書信、電話也是說服對方的一種辦法，特別是充滿誠摯熱情的書信，在銷售活動中往往能發揮重要的作用。除此之外，方法還有很多，你應根據不同情況仔細思考，當你找到認為效果很好的方法之後，就要毫不猶豫的去實施。還有，不要忽略了與採購部門相關的發言權或有掌握實權的人物，爭取和他們交上朋友，這樣能抬高你的身價，這是很重要的事。

3、記錄和反省

每次拜訪之後都必須認真反省一下自己的態度、發言是否有不妥當的地方，並在筆記本上用不同顏色的筆或者用比較大一點的字醒目的加以注釋——已反省。並以此擬訂下一次訪問的工作方案。第二次訪問一結束，立即將記錄相關情況並整理成書面資料。這一次的書面資料應與第一次訪問時的資料進行對照比較，將不同之處標出來探測其究竟。

就是這樣三次、四次……為取得交易上的成功，耐著性子繼續訪問下去。

4、以漫談為主

在與對方面談過程中應以漫談聊天為開始，直到時機成熟能夠順利與對方進行商業談判的時候為止。漫談過程中不要裝腔作勢或玩弄假惺惺的那一套，而是要預先準備新穎且有吸引力的話題，引起對方興趣，讓對方越聽越愛聽。為此你得連續不斷且緊緊把握住對方的「動脈」。不過，漫談過程中不光是為了加深對方的感情，還要注意以下兩點：

(1) 觀察對方。漫談時要不斷變換話題，從報紙的社會頭條到雜誌封面的模特兒照片等什麼都可以談，這樣一來，對方的性格、興趣、思想、嗜好等即可逐步弄清楚。但要注意，不要被對方的假象所迷惑，外表看起來仁和的人事實上可能相當固執。

銷售員必須學會察言觀色，只有這樣，才可弄清楚對方忌諱、討厭的言行及容易使對方喜歡的接觸方式，並以此修正今後訪問時的交際方法和措施等。

(2) 刺探情報。身為一名銷售員，最想知道的情報莫過於客戶與正在進行交易（供貨）廠商之間的關係，特別是相互間的緊密程度。此外，其負責的經辦人員的能力、人品也要探聽清楚，以便更好的採取相應的措施以擊敗對手，並從其手中奪取市場。但明目張膽的追問這些內幕消息是絕對不可以的，應採取旁敲側擊的戰術。

巧妙使用問候函

問候函是絕對不能少的，即使對不再續約的客戶，也要獻上這一份誠摯溫暖的問候。膽怯沉重的語氣，就算電話訪問也不會有多大效果。恭敬尊重的信函，客戶比較能夠接受。對於還有續約的可能卻很久沒有聯絡的客戶，就趕快寫信吧！

連一封明信片也不寫的銷售員已經越來越多，因此，一封充滿誠意的信函更能發揮強大的效力。坦誠的為疏於問候而道歉，誠心誠意的希望有機會能繼續為客戶服務……選擇的用語盡量做到直率，切記：辯解的文字千萬不要寫，更不可去抄襲書信範例。

如果不用信件，一張風景明信片也是很有效力的。「旅行的時候還記著我，多感動啊！」收信人往往會有如此的感慨。

簡而言之，時間越久就越難啟齒。一通電話、一張明信片，坦率表達誠心問候之意。「最近一定找時間打電話給你！明天一定寫！」稍一拖延、猶豫，事情只會變得更困難，這是禁忌！想到就做，才是專業的風範。

疏遠和沉默無論是有心還是無意，都叫人心寒。「即知即行」、「為善不落人後」，這些都是前人的經驗體會，我們應該吸取前人的經驗，永不忘記。

如何應對難纏的客戶

雖然說銷售可以打持久戰或消耗戰，但經過多次訪問、費了九牛二虎之力還是攻打不下時該怎麼辦呢？在這種情況下不要輕易的做決定，必須報告你的上司，大家一起商討對策。在會議上，銷售員要如實報告相關情況，並且直率充分的提出自己的建議，假如報告得不完全，往往會導致上司做出錯誤的判斷，從而誤了大事。

結果大致是下列四種情況之一：

(1) 像往常一樣繼續訪問，以待時機；

(2) 給對方優惠條件（價格及其他），繼續進行交涉；

(3) 上司給予幫助（一起去訪問）；

(4) 斷定對方不可能訂貨（中止訪問）。

上述對策一旦確定下來，銷售員就要不折不扣的去執行。

有的時候銷售員儘管盡了自己最大的努力，可是仍然擺脫不了希望落空的失敗，這是經常有的事。客戶拒絕成交的語言表達形式很多，一般來說有以下幾種：

「我們再考慮考慮、研究研究再說！」

「庫存還有不少，下次再說吧！」

「對不起！實在不能再訂了。」

「雖然說這次不能訂貨，我們還是希望你能再來。」

銷售員要認真分析對方拒絕的語言，仔細思索當中每一個字，以便考慮怎樣進行「下一輪攻勢」。

銷售員費盡口舌卻沒有拿到一份訂單時，情緒一定很低落。如果被對方看出自己那副垂頭喪氣的樣子，會非常不利於下次再訪。不要幻想對方會同情你，與其說會使對方同情，倒不如說會使對方看不起你，對方會因此而不想再接見你。因此，心裡雖然不高興，表面上仍應開朗樂觀，千萬不可哭喪著臉像別人欠你錢似的。

買賣不成仁義在，道別是很重要的表示仁義的手段。千萬不要板著臉，應保持原來的那副和藹可親、真誠、自信的表情，一邊收拾整理資料，一邊還要再說上幾句恭維對方的話。這樣的話，你那不氣餒的態度將讓對方留下深刻的印象。

當你被客戶婉言拒絕並走出客戶的大門時，大概會感嘆現實的殘酷吧，不過你不要灰心，因為今天的失敗有可能為明天的成功播下希望的種子。

佛經裡常說：「當下即是。」「當下」的事物都是難能可貴的，所以，人應該對任何事情都存有感謝的心情。只要培養出這種心態，就能開發出難能可貴的智慧。銷售員被客戶「無情」的拒絕，就應以「當下」的精神去感悟。

既然眼前的所有事物都是難得的，那麼對方說「我不買你的東西」也是難能可貴的。能與對方見面就是十分難得的！

人對於別人誠懇的謝意往往感到受之有愧，總是要想辦法報答。

直接再訪的必要性

「好長一段時間沒有聯絡了，突然再訪確實怪不好意思的。」千萬不要有這種想法。明信片和電話問候畢竟是單方面的接觸，而只有面對面的商談才是最有效的。

適當的恭敬和問候的用語是很重要的。精緻的小禮物也是少不了的，客戶的喜好你不能不知道。對客戶保持一份善意的關懷，可以使交涉更為順利。拜訪許久沒有往來的客戶時，要注意察言觀色，適時告辭，切忌死賴著不走。如果對方強留，當然可以多待一會兒。當客戶談得興致正濃時，不僅要仔細傾聽，更要表示頗有同感，以便產生共鳴。不能只是在那裡一個勁兒的點頭，而應適時提出疑問，這樣能產生意想不到的效果。人們對懂得傾聽、有共鳴的人，很容易敞開心扉。同樣，絕對要避免挑人語病或中途打岔。

即使吃閉門羹，還是要恭敬的告辭。切莫表現出粗魯的動作，這種行為是下下之策。禮貌的告辭，有的時候反而會讓客戶覺得不好意思。當客戶忙碌或不在的時候，別忘了留下名片或留言給他。

禮輕意重情也真

饋贈物品是表達感情的一種方法。尤其是表達男女之間的愛慕之情。善於取悅女性的情場老手，除了善用甜言蜜語之外，免不了要經常送項鍊、戒指或鮮花及一些小東西。影迷、歌迷也喜歡送鮮花、禮物給自己崇拜的明星。

在銷售行業中，凡是能長期保持優秀業績的人，都不僅僅是挨門挨戶銷售，或者是做不成生意便斷絕關係；或做成生意，但拿了錢便「貴人多忘事」，把客戶拋之九霄雲外，而是採取「繁衍式」銷售，即加強與已成交的老客戶的關係。一方面重視售後服務，一方面利用這層關係，請他多多介紹和引見新客戶。這樣就能「扇面形」的開發新客戶。我們且稱此為「溫故知新」。「溫故知新」的原意是溫習過去學的知識，啟發新的知識。引申到銷售活動上，可得到一種新的涵義，就是重溫與老客戶的友情，以認識新客戶。

許多銷售員就是利用這種方法，運用禮品戰術，創造了優良成績。

人們都有一種探求祕密、稀奇新穎之物的特點。例如吃著一種從未嘗過的佳餚，會覺得如山珍海味。尤其是富於地方特色的物產。而銷售員一年四季幾乎是全國各地四處奔波，買些各地特產是極為便利的。那麼，你去外地出差回來後，帶了一些當地特產給老客戶，客戶除了開心的收下禮物，同時會更加感激你的心意。

另外，趁老客戶的良辰吉日贈送些禮物，所謂良辰吉日是指生日、生子、榮升、喬遷、子女金榜有名等等，這時候客戶總是喜氣洋洋，而你送去禮物更增添了他的喜氣。總之，不管你送什麼，都是贏取客戶歡心的一種好方法。

至於要送什麼，什麼時候送為好，就要見仁見智，不能一概而論。總之，要發揮禮品的最大魅力。千萬不能看錯人、獻錯情，否則只能是枉費心機了。

一定要記住客戶的姓名

姓名，雖是人稱的符號，但更是人生命的延伸。許多人一生奮鬥都是為了成功出名，所以人對姓名的愛猶如愛自己的生命。因此，你若想能運用別人的力量來幫助自己，首先要尊重別人的姓名。

有一位經營美容店的老闆說：「在我們店裡，凡是第二次上門的，我們規定不能只說『請進』而要說『請進！○○太太（小姐）。』所以，只要來過一次，我們就存有檔案，要求全店員工記住她的貴姓芳名。」

如此重視客戶的姓名，不但便於美容店製作客戶卡，掌握其興趣、愛好；而且使客戶倍感親切和受到尊重，走進店裡有賓至如歸之感。因此，老主顧越來越多，生意也愈加興隆了。

在銷售界，「記憶姓名」法是受到極力推崇的。

1、沒有名叫「客戶」的人

商店裡張貼著「客戶您好」，火車上廣播員親切問候著「乘客您好！」而你作為客戶或乘客，會倍感親切。可營業員問道：「客人，您想買什麼？」你會立刻不悅，甚至生氣。現在說到銷售活動，如果銷售員稱對方「客戶先生！」一定不會有多少成功在等待他。

姓名最好不要問第二次，要一次記住，如果一時記不起來，可問一下身旁的人，迫不得已時，問一下本人也比叫聲「那位客人」好得多。

2、不能第二次說「有人在嗎？」

如果訪問時單說：「有人在嗎？」很可能沒人搭理你。可是如果喊道：「O先生在嗎？」那麼屋裡只要有人，一般都會出門來開門。這便展現了名字的魅力。

喚出對方姓名是縮短銷售員與客戶距離的最簡單迅速的方法。想要成功的交際便得先記住對方姓名。而交際等於銷售員的生命線，所以怎麼能不記住客戶的姓名呢？

當然，如果你記性不好，就要依靠客戶卡，把每一個有希望的客戶的一切資料都記錄在卡片上，隨用隨取，一定能大大有益於銷售。

不要遮掩商品的缺點

有人說，對於知識層次高的客戶，要盡力把商品說得完美無缺。對此筆者不敢苟同。從經驗所得，生意經不同於一般知識，即精通於生意並不一定和知識層次成正比，有時會出現很大反差。況且當今社會，人們的知識程度普遍提高，完全愚昧無知的客戶是很少的。而一般人都有一定程度的判斷力，

銷售戲精

面對滿口幹話的奧客，業務內心小劇場大爆發

靠花言巧語蒙騙客戶，對於從事銷售業的人來說，前途只會害多利少。

經營房地產銷售的修一，有一次承擔了一筆艱難的土地銷售工作。因為這塊土地雖然接近火車站，交通便利，但非常不幸，它緊鄰著一家木材加工廠，電動鋸木的噪音使一般人難以忍受。幾次上門銷售，都因噪音而被拒絕。

修一突然想起有一位客戶玉樹想買塊土地，其價格標準和地理條件與這塊地大抵相同，而且玉樹以前也住在一家工廠旁邊，噪音同樣不絕於耳。那麼他一定對噪音習慣而具「免疫力」了。

於是修一去拜訪玉樹。他首先向玉樹說明：「這塊土地處於交通便利地段，比起附近的土地，價格便宜多了。當然，之所以便宜自有它的原因，就是因為它緊鄰一家木材加工廠，噪音較大。如果您能容忍噪音，那麼它的交通地理條件、價格標準均與您的希望要求非常符合，很適合您購買。」

不久，玉樹就去現場參觀體察，結果非常滿意，他對修一說：「上次你特別提到噪音問題，我還以為噪音一定很嚴重，那天我去觀察一下，發現那種噪音的程度對我來說並不算問題。我以前住的地方重型卡車整天來來往往，而這裡的噪音一天只有幾個小時，而且卡車經過時不會震動門窗，總之，我很滿意。你這人真老實，要換上別人或許會隱瞞這個缺點，盡說好聽的，你這麼坦白，反而使我很放心。」

就這樣，修一順利成交了這筆原本很難做的生意。

由此同樣可以看出，做生意不一定要有三寸不爛舌、說得天花亂墜才會成功，老老實實交代商品的缺點，有時會使商品更具魅力。

所以，根據商品性能、客戶的特點加以某種程度的坦白，必能贏得客戶的贊許和信任，且在售後服務時，如果客戶抱怨，你也有個台階可下，因為你已有言在先了。

把上座讓給客戶

銷售員與客戶同處一室時應坐在什麼位置？把上座讓給客戶是應有的禮節，那麼什麼位置是上座？具體可以這麼分：

1、有兩個扶手的是上座，長沙發是下座

一般座位配置有兩個扶手的就是上座，要背對窗戶，反之長沙發總是面對客戶，銷售員要把有兩個扶手的讓給客戶。如果座位配置不當，如把有兩個扶手的面對窗戶，則還是要以椅子的形式為主，銷售員應選長沙發坐下。

2、面對大門的是上座

在房間的裡面，即面對大門的是上座，而接近門口處的位置是下座。

3、走道一側的是下座

在咖啡館裡與客戶談生意，那麼靠牆壁的一方應該是上座，靠走道一方是下座。

4、在火車上面對前進方向的是上座

如果與客戶同乘火車，要注意把面對前進方向的座位讓給乘客，自己則坐在背對前方的下座。

這些上下座的區分並不是誰去硬性規定的，而是一種「禮節」上的習慣。所謂「禮節」的規定都是基於謙讓的心理，即把方便舒適讓給對方，就表示對對方的尊重，這就是「禮節」。如有兩個扶手的座位，坐起來當然方便舒適；面對窗戶的位置容易受到陽光直射而目眩；靠近入口處或走道旁的座位，行人來來往往，比較嘈雜，另外端茶上菜時便於接受，理應由主人坐而把安靜處讓給客人。

如果你遵守了這些禮節，就表示你對客戶的尊重和謙讓之心，而客人一旦接受了你的這種虔誠，自然十分高興，必定「禮尚往來」，即投之以桃、報之以李。在談生意時你自然會因此得到客戶的好處。

而銷售員如果將上述禮節置之不顧，自己坐在上座，那麼談判時客戶被陽光照得睜不開眼，或客戶坐在靠走道一邊為你接受茶酒，就會使客戶產生你把他當成自己的「下屬」，非得巴結你似的感覺，當然也就會產生厭煩心理：「這筆生意又不是非你莫屬，還是去找懂禮貌的公司吧。」即使這次非與你做生意不可，下一次你就一定會失去這家客戶的。

人們總是喜歡受到別人尊重，憎恨受到任何小節上的侮辱和怠慢，對客戶以禮相待，把上座讓給客戶，客戶就會把生意「還報」給你。

警惕客戶有牴觸心理的坐法

俗話說「明槍易擋暗箭難防」，而人們的背後就是無防備區，所以稱人的背後是「恐怖的空間」。如果你背對對方，就會使對方認為你不敢或不願面對他，而感到羞辱，所以背對別人說話是一種禁忌。

開會時人們是面對面而坐，學生聽老師講課，也是面對面的，這種場合一般是比較嚴肅認真的，所以面對面的坐勢是「理性的位置」，如果用於向客戶銷售，勢必使氣氛凝重起來，當然不利於銷售了。

另外還有一種位置就是「感性位置」，即雙方處於兩旁側面的位置，雙方視線是平行向前或形成九十度角。這種空間位置，使人感覺像是母親坐在旁邊幫你補習功課或是情人坐在公園的長椅上談情說愛一樣。所以這是一個使人感到舒適溫馨的空間。

一個不擺架子的主管找部下談話時會引導對方坐在感性的位置上：「來，坐這裡。」而銷售員登門銷售時，選對了空間位置就可能燃燒起客戶的消費欲，而若選錯空間位置就可能冷卻客戶的消費欲望。

如果是第一次拜訪，你可以乘主人出來迎接、借遞名片之機，站在主人的旁邊；如果主人請你坐下，你理應讓主人先坐，然後選擇感性的位置，找個位子坐下來。

如果你不是第一次拜訪，當然不用自我介紹，你可以根據空間的桌椅擺設位置，或空間狀況找個感性空間位置坐下，切忌選取面對面的位子。人都是受潛意識支配的，如果你選取了面對面的位子，表面上客戶不會感到有什麼不對，但其潛意識中卻深感不自然，像是在聽你訓話。潛意識所做出來的事往往不能全被清醒意識所理解。

如果你是第二次訪問對方，而對方並沒有請你坐下，你可說：「對不起，我可以坐下嗎？」只要你不是太蠻橫無理，對方是不會拒絕你的請求的。這樣你可以一邊遞上香菸，一邊趁機坐在他的旁邊，然後說：「先生，我們上次談的事……」在這個感性空間中，雙方都會感到很親密，且可以同時閱覽一份資料。

「標新立異」見奇效

我們一直強調銷售員在銷售商品之前要先銷售自己，就是指緊緊抓住客戶的心。如果銷售員像背台詞、放錄音帶似的，千篇一律，老生常談，客戶聽得厭煩，你自己說得也煩，客戶覺得你照本宣科、陳詞濫調簡直迂腐不堪，而你也覺得日復一日，卻過著相同的日子，說相同的話，怎麼能不單調枯燥乏味呢？

人們總是喜新厭舊，對司空見慣的事物不感興趣，甚至忽略不記，而願意去追求新奇的、不斷變化的事物，銷售員要想抓住客戶的心，就要適時變化以求新鮮。新鮮就包括衣著的新鮮、態度的新鮮、談吐的新鮮、話題的新鮮，尤其外表的新鮮才是你的魅力所在。

宣儒是某印刷廠的銷售員，他就是一位善於著裝的人，登門銷售時，第一次他可能穿的是套頭寬鬆的毛衣，第二次來訪他就會換上白襯衫、紅領帶、西裝革履；第三次他又會是牛仔褲、圓領衣……總之他的服裝色彩、樣式搭配非常和諧，好像在做時裝表演。也正因為如此，他讓客戶留下了很好的印象。

因為他是銷售印刷業務的，而一般公司的廣告設計、圖表、文件對配色、配圖、剪接、圖案、選定字型都要求印廠具有敏銳的感覺力，而宣儒著裝的變化正顯示了他這方面的能力，從而贏取了客戶的信任。

當然，銷售員並不是時裝模特，並不要求每次出場都要換上不同服裝。但是換一下襯衫，或換一個領帶，總之，哪怕是一點細微的變化，都能使你處於新鮮的氣氛中。

關於衣著的變化要注意以下幾點：

(1) 服裝樣式要避免「奇裝異服」，以避免使客戶厭煩。

(2) 如果對方對你沒有產生印象，你服裝的變化就是做白工。

(3) 如果是連續訪問，服裝變化將產生比較好的效果。

(4) 過於華麗的服裝變化，會使對方產生輕佻的感覺。

總之，適當的「標新立異」才是你魅力不衰的祕訣。

值得推崇的服務祕訣

有一位銷售員去拜訪一位客戶，正逢天空烏雲密布，眼看暴風雨就要來臨。突見客戶鄰居有床棉被晒在外面，女主人卻忘了出來收。他便大聲呼喚：「要下雨啦，快把棉被收起來呀！」他這一句話對這家女主人無疑是一次至上的服務。因為棉被淋溼確是件糟糕透頂的事。這位女主人非常感激他，他要拜訪的客戶也因而十分熱情的接待了他。

服務就是要急客戶之所急，想客戶之所想。

日本歷史上有場關原之戰（德川與豐臣決戰），當時有一位悲劇名將叫石田三成，他少年時在滋賀縣觀音寺謀生，當時他的名字叫石田佐助。有一天豐臣秀吉獵鷹口渴入寺求茶，石田佐助出來奉茶。石田佐助奉上的第一杯茶是大碗的溫茶，第二杯是中碗稍熱的茶；當豐臣秀吉要第三杯時，他卻奉上一小碗熱茶。豐臣秀吉不解其意，石田佐助解釋道，這第一杯大碗溫茶是為解渴的，所以溫度要適當，量也要大；第二杯用中碗的熱茶，是因為豐臣秀吉已喝了一大碗不會太渴了，稍帶有品茗之意，所以溫度要稍熱，量也要小些；第三杯，因為豐臣秀吉已經不渴了，只是迷上了茶香，純粹是為了品茗，所以要奉上小碗的熱茶。豐臣秀吉為石田佐助的忠心耿耿和體貼入微深深打動，於是提拔他在自己幕下，使得石田佐助成為名將。

石田佐助的周到「服務」是很值得銷售員學習的。探究其可歸為三點祕訣：

(1) 口渴奉茶，這是應付對方之所急。銷售員在銷售之前要了解客戶有什麼困難需要解決，先了解客戶之「急」，然後才能「應急」。

如客戶是位集郵愛好者，特別想補齊一套紀念郵票，你若能幫助其補上這個缺口，便是對他的最好服務，從而打動他的心。

(2) 把握客戶的目的所在。豐臣兩杯茶下肚，還要第三杯，目的便是在品茗。所以你要注意客戶的反應。如果你是汽車銷售員，客戶的談話一直集中在車的外形美觀問題上，你就不必多說車的性能如何了。

(3)佐助奉上好茶，是因為豐臣喜愛品茗，這便是掌握對方的興趣嗜好。如果你向一位打扮入時、花枝招展的少婦銷售電磁爐，你便可以這麼說：「先生和孩子都會高興您永保美容的，電磁爐沒有油煙，自動烹飪，非常有益美容。」

不要忘了辭別時的禮節

許多銷售員都體會到和客戶見面時，那種要使客戶接受自己的恰當話語（很多自以為恰當）總是難以尋找，但有很多人都沒有想到辭別時的技巧更困難，因為他們常常是登門時彬彬有禮，卻忘了辭別時的禮節。

在日本的鹿兒島溫泉療養地，旅館隨處都是，但人們總喜歡投宿於某賓館。不管是旅遊旺季還是旅遊淡季，某賓館總是門庭若市，客戶滿堂，其生意經就是迎客和送客的態度使人感到沒有絲毫差別。甚至送客時的態度更認真。在某賓館裡，服務員總是把每一位客戶的皮鞋擦得乾淨光亮，而且當服務台知道你今天要外出，就會把你的皮鞋送到房間，放上紙條「已擦過」，鞋旁邊還放上一張「天氣預報」。所以，當你一面穿鞋，一面計劃當天的活動安排時，看到當天的天氣預報，無疑是對你一聲叮囑。好像母親送你出門總不忘說聲：「路上小心呀！」、「今天有雨，帶上雨傘吧。」客戶怎能不暖上心頭呢？

當你離開賓館時，從老闆到職員，都在走廊門廳處站著：「再見，一路平安。」態度親切甚至超過歡迎時。

更讓人驚異的是：凡是在某賓館住宿過的，哪怕只住一夜的，當你第二次投宿某賓館，從老闆到普通職員，都能叫出你的姓名：「○○先生，好久不見了，請！請！」好像你是他們多年的老主顧。

而有些旅館則遜色多了，他們迎賓是副面孔，送客是另一副面孔，送客時的笑容勉強得讓你感到很不自然。

銷售員的辭別可以說是與客戶的暫時別離，除非你決意不再和這家客戶來往，便不在乎離去時的禮節，否則，客戶總是以你辭別時的形象來評價你，而銷售員的形象比商品形象更重要。尤其是在被拒絕時，更能展現銷售員的形象，除非你不是以銷售為業，或你想做「江湖騙子」，而辭別時，臉拉得跟驢臉般長，把手伸到屁股後啪的帶上門，也就切斷了身後那條與客戶的無形「紅線」。如此，你的銷售市場就會越來越小，請記住：銷售市場會因為你的人際關係而成倍擴大，也會因為關係線的斷裂而成倍縮小，以至於你在銷售市場上無立足之地。

和你的客戶共同用餐

有時，銷售員為了增進與客戶的感情，適時的請客戶吃飯是非常有必要的。

要吃什麼當然是以客戶為主，徵求一下對方的意見。如客戶點的菜恰好也是你自己喜歡吃的，那當然是最理想不過了；但如果對方的胃口與你的不一樣，只要不是你特別不喜歡吃的，最好暫時委屈一下。

如果客戶沒有說他喜歡吃什麼，那就把菜單送到他跟前，請他點菜，尤其是在客戶不只一人的情況下，這種辦法聽起來很簡單，實際上不少銷售員都做不到這一點。

另外，當客戶來你公司拜訪並在你公司附近用餐時，有的銷售員就把對方帶到公司經常用來招待客戶的餐廳擺上一桌，也不管對方喜歡吃什麼或不喜歡吃什麼，能吃什麼或不能吃什麼，就自作主張代客人決定一切，這也是很不好的。

所以，你務必拋棄這些自作主張的招待方法，如果是晚餐，在準備前，設法多聽聽對方的意見，弄清對方是否能喝酒，喜歡喝什麼酒，酒量多大，用餐後有無消遣的習慣及喜歡玩什麼等等。弄清楚後，再去選擇用餐場所。

當上司以公司的名義出面招待客戶時，應主動向上司報告客戶的喜好並按上司指定的地方準備。去比較遠的地方出差而且需要在客戶家附近宴請對方時，一般均會讓對方選擇聚餐地點，然後讓銷售員事先預約。

送禮給客戶也是一門藝術

不要認為你送禮物給客戶，客戶就一定會高興，因為有的人非常討厭別人干涉他的私生活。有不少人一提及他家庭的相關問題時就皺起眉頭或沉默不語。因此，哪怕你們之間的互動密切，若猜不透對方的心思，或不敢肯定對方接禮物一定高興時，千萬別隨便送禮，這是一條必須遵守的原則。

價錢昂貴的賀禮僅限於送給大客戶，通常，為了打開局面，對那些新客戶也要在這方面多花點本錢。

1、祝賀生日

在平時閒聊時，只要留神打聽，很容易打聽到哪一天是客戶的生日。作為生日禮物，即使價錢不是很貴，對方也會感到高興。但是，一般來講，對方愛人的生日不宜送禮物去祝賀，以免對方有所誤會。

2、祝賀結婚紀念日

不少人恐怕早已把結婚紀念日給忘了。能想到這一點的銷售員並不多，正因如此，如果你能打聽到哪一天是客戶的結婚紀念日，並在這一天手提禮品登門祝賀，客戶一定會非常高興的。

如果你能設法知道對方愛人的體型和衣著尺寸，送給他們夫婦雙方一套顏色一樣的衣服不失為一種方案。

3、祝賀小孩入學

做父母的大都望子成龍，並熱切希望孩子在學校成績能出類拔萃。但這一點往往被別人所忽視，如果你能做到這一點，其效果會特別突出，不過也有例外，並不見得所有的客戶都喜歡這一套。

若能直截了當的從對方嘴裡問出他孩子入學升學的情況當然沒有問題，如果是透過第三者了解，則有可能招致對方的反感，弄不好你送去的禮物會被對方毫不客氣的退回來。特別是當對方的孩子沒有考上理想學校或進了二、三流的學校時，對方的心理已經很不好受了，而且生怕別人知道。在這種情況下，如果你還去祝賀，恐怕會造成反效果。因此，必須在充分了解對方孩子入學升學的相關情況之後，才可酌情決定是否應去祝賀，切不可冒昧行事。

4、祝賀遷新居或房屋大修

當遷進新居或房屋大修之後，想更新一些家具或者飾品是人之常情，這時家裡需要很多東西。對於那些比較親近熟悉的客戶，為了避免禮品重複，可直截了當的問他需要什麼。如果對方比較客氣不願直說，就不妨告訴他，按照慣例可送禮物的預算是多少，請對方「幫忙」拿個主意，再決定買什麼東西。

請記住，在贈送裝飾用品時不要單憑自己的愛好去挑選。人各有所好，你喜歡的對方不一定喜歡。要多聽聽對方的意見，盡量送一些對方夫婦都喜歡的東西。

第九章 成交從客戶的拒絕開始

你見過沒有被拒絕過的銷售員嗎？拒絕是銷售員的最忠實的朋友，如何使自己不像其他人那樣因為遭到拒絕而改變目標，這取決於你對拒絕的態度。銷售其實是一種創意式的工作，你甚至不能有絲毫的停頓，你不僅需要馬不停蹄的面對許許多多的客戶，而且還必須有充分的準備面對一次次的拒絕，所以，要想促使最後的成交，就要學會在銷售過程中戰勝客戶的拒絕。

銷售是從拒絕開始的

依照達爾文的學說，生物的演化規律就是物競天擇，適者生存。地球上的生命史也就是一部生物間互相爭存的歷史。可怕卻又形象的描述競爭，便是「弱肉強食」。對於有知覺的動物總是心存「對陌生的恐懼」。一隻鳥靜棲枝椏之間，稍有怪異之聲，就會毫不猶豫的展翅飛去。這就是對「陌生的聲音產生恐懼」，三十六計，還是「走」為上策。

人也是動物的一種，當然也會心存對「陌生的恐懼」。一個不速之客的突然來訪，是善意還是惡意？未知以前，當然心存警戒，擺出排斥的態度。

第九章 成交從客戶的拒絕開始

銷售是從拒絕開始的

一個銷售員的突然來訪，他本身就是一位不速之客，所帶商品也是陌生之物，那麼遭到客戶拒絕也是理所當然的。

如果你因為客戶一口回絕，或說了些拒絕的理由，就立即退縮不前、打退堂鼓，那你將是一個無所作為的銷售員。一個有所作為的銷售員，要從客戶拒絕的藉口中看穿其本意，並善於改變對方觀念，把他的冷漠抗拒變成對商品的關心，最後讓他下定決心，掏腰包購買。

佛洛伊德將人的意識分為潛意識和顯意識，潛意識又分先天的潛意識和後天的潛意識。本能就是先天的潛意識，而由於某次受騙，而對銷售員心存反感，則是後天的潛意識。不管是先天還是後天，對銷售員的反感排拒都是一種潛意識的反射。

所以，銷售員必須解除客戶潛意識的警戒心，讓他靜下來聽你說話。首先要靜聽客戶所有的不信任與困難，然後發揮你的商品知識和口才，一一解開對方的疑惑，便可以壓制他的潛意識，回到意識上來，使他運用理智，根據實際情況來權衡你的商品是否值得一買。

一見到銷售員就笑逐顏開、張臂歡迎的人是少有的，甚至是不正常的，拒絕才是正常反應。

客戶的拒絕是銷售活動中必然會遭遇的問題，沒有一樁銷售絕對不會遇到問題或懷疑。即使有人已經完全準備要購買你的產品或服務，他也會對這樁買賣心存疑惑和不確定。你必須要能減低他們對犯錯的恐懼，並且讓他們相信你的建議完全可靠，這才是決定成敗的重要因素。

有位保險銷售員向客戶銷售一份四百萬元的保險。這是遠遠超過這位客戶曾想過投保的金額。客戶告訴銷售員，說他現在的保單已經足夠了。銷售員問這位客戶現在的保金是多少。客戶告訴他：

「七十五萬元。」

「如果將來您有什麼意外發生，您將如何運用保險理論來獲得理賠金額？」

「這些錢要用來還房屋貸款，並清償所有債務。」

銷售員又問：「您失業多久了？」

這個問題著實讓客戶嚇了一跳，客戶認真思考起來。當客戶在思考這個問題時，銷售員微笑著繼續解釋：「要獲得理賠金額，您必須在六個月內找到工作才行。您顯然不想長期失業！」

這樣，客戶在權衡再三之後，終於買下了銷售員的保險。

顯然，這位銷售員並沒有因為客戶的拒絕就退縮，他把所有的思想都集中在如何化解客戶的抗拒之上，而不是思考被客戶拒絕了怎麼辦或任由恐懼的心理蔓延。是的，一個成功的銷售員首先應當是一個能解決問題的銷售員。

所以，在銷售工作中，不要害怕客戶的拒絕，你應當時刻做好迎接客戶拒絕的準備。只有如此，你才能坦然面對每一次銷售，最終成為一個優秀的銷售員。

怎樣應對客戶的拒絕

被客戶拒絕對銷售新手來說是件最可怕的事。再成功的銷售員也會遭到客戶的拒絕，問題在於成功的銷售員會把拒絕視為正常，並養成不在乎吃閉門羹的氣度。不管遭到怎樣不客氣的拒絕，都能保持彬彬有禮，而且毫不氣餒，也不忽略難以進門的客戶。

銷售新手都有一個通病，就是銷售前心裡總存一個觀念：「這一家沒有問題了！」盡往好處想，當然滿懷希望。自信十足固然是好事，可希望太大，失望也大。一遭拒絕，心裡的打擊就難以忍受。因此，銷售前要仔細研究客戶的拒絕方式，想出如何應付的方法。如果抱著觀察研究的態度，一旦遭到拒絕，你就會想到：「嗯，還有這種拒絕方式？好吧，下次我就這麼應付。」這樣，相信你遭到的拒絕一定會越來越少，成功率也越來越高。

如果銷售工作不遭受拒絕，客戶一看見銷售員，就笑容可掬的敞開大門：「歡迎！請進！」然後順利成交，那麼就根本不需要專門的銷售員了。專門銷售員就是要懂得應付拒絕，這才是長久不敗的生財之道。

做任何事都不可能沒有困難。遇到困難就灰心氣餒的人將永遠處於失敗之中。只有想方設法解決困難、不屈不撓勇往直前的人才有出頭之日。

不要害怕客戶的拒絕

很多初入道的銷售員害怕面對拒絕，一旦被人拒絕，彷彿自尊心受到了極大的傷害，心靈受到極大的創傷，羞愧得無地自容，感到萬分沮喪。

不少人因為感到「難堪」、「沒面子」而從銷售戰場上敗下陣來。只有少數人咬緊牙關，過了「銷售必遭拒絕」的難關。他們不但不害怕拒絕，還千方百計與拒絕進行頑強的鬥爭。那麼，銷售為什麼那麼容易遭到拒絕呢？其原因主要有：

(1) 銷售對象不需要這種商品時，他一定會拒絕你；
(2) 銷售對象口袋裡沒錢時，他當然拒絕你；
(3) 銷售對象不理解你的銷售時，他可以拒絕你；
(4) 銷售對象對你的公司不滿意時，他會拒絕你；
(5) 銷售對象對產品不滿意時，他會拒絕你；
(6) 銷售對象對服務不滿意時，他必然會拒絕你；

總而言之，銷售對象可以用任何一個藉口，任何一條理由，甚至「莫須有」，就可毫不留情的拒絕你。

銷售大師原一平曾經向一家汽車公司開展企業保險銷售，而那家公司一直以不參加企業保險為原則，無論哪個保險公司的銷售員，都沒能打動公司主管的心。

原一平決定集中攻擊一個目標，那就是公司的總務部長。可是，總務部長總是不肯與他會面，原一平去了很多次，總務部長每次都以事情太忙沒有時間為由，拒絕接見原一平。

兩個多月後，看到原一平堅持不懈的來公司找自己，總務部長動了惻隱之心，答應見上一面。原一平極力向部長說明加入保險的好處，還拿出自己精心準備的一份銷售方案，滿懷熱情的詳細說明。可是鐵齒的總務部長才聽了一半，就對原一平說：「這種方案，行不通，行不通！」

原一平回去後又對方案進行了反覆的推敲和修改。第二天，他去拜見總務部長。可是，部長還是以冷冰冰的態度對他說：「這樣的方案，無論你制定多少次也不會有結果，因為我們公司有不參加保險的原則。」

原一平呆住了，怎麼能這樣對人呢？說昨天的方案不行，自己回去熬夜重新制定了方案，可現在又說拿多少方案來都沒有用，真是欺人太甚了！這時，原一平的腦海裡突然閃出一個念頭：自己銷售的保險對對方肯定是有益無害的。於是，原一平平靜了下來，說了聲「再見」就告辭了。

從此以後，原一平開始了長期的艱苦的銷售訪問。每一次去汽車公司，原一平需要六個小時的時間，一天又一天，一次接一次，懷著今天肯定成功的信心，不斷奔跑，這樣的銷售訪問總共有三百多次，時間長達三年之久。精誠所至，金石為開。三年之後，原一平終於憑藉著自己的執著精神，迎來了盼望已久的成功。

沒有拒絕的銷售不是「銷售」。也就是說，是「銷售」就必遭拒絕，「銷售」與「拒絕」有天生的親緣關係。「被拒絕」是銷售的一部分，不管你是否願意，它將永遠與你同行。

沒有遭受過「拒絕」的銷售員，絕對無法成為優秀的銷售員。優秀的銷售員就是透過無數次「拒絕」的鍛鍊，在「拒絕」中成長的。

如果你認為自己的產品或服務對客戶確實有益處，那就應當堅持，直到客戶相信為止。

以退為進應對拒絕

從事銷售活動的人，可以說是與拒絕打交道的人。戰勝拒絕的人，便是銷售成功的人。

銷售戲精

面對滿口幹話的奧客，業務內心小劇場大爆發

在戰場上有兩種人是必敗無疑的。一種是幼稚的樂觀主義者，他們滿懷殺敵熱情，奔赴殺敵戰場，硬衝蠻打，全然不知敵人的可怕，結果不是深陷敵人的圈套，便是慘遭敵人的明槍或者暗箭；還有一種是膽小怕死的懦夫，一聽到槍炮聲便捂起耳朵，一看見敵人便閉上眼睛，東藏西躲，畏縮不前甚至後退，一旦被敵人發現便是死路一條，這是戰場上的原則和規律。

愚勇和怯懦終將導致失敗，那麼怎樣才能戰勝敵人呢？孫子云：「知己知彼，百戰不殆。」所謂知己，對於銷售員來說便是要知道自己商品的優缺點和特點及自己本人的體力、智力、口才等，並加以適當發揮。所謂知彼，就是要了解對方會以什麼樣的方式拒絕，以及他們的需求和困難是什麼。

有些銷售新手往往一出門便滿腔熱血：「今天一定會一帆風順的。」「這家不會讓我吃閉門羹的吧。」盡往好處想，根本沒有受拒絕的心理準備，上陣一交鋒便被敵人的拒絕打得措手不及，倉皇出逃。逃到哪裡？咖啡廳、小酒館、麻將桌、電子遊戲室都是可愛的避風港。把什麼事都想得一帆風順，心中一點不做拒絕的準備，甚至以為家家戶戶都會笑臉相迎，端茶遞菸。希望越大，失望也就越大。

試想，要是客戶都像那些銷售員所想，一看到銷售員都笑容可掬，「歡迎，歡迎，您來得正好！」、「真是雪中送炭。」當即掏腰包成交。果真如此，還要職業銷售員幹嘛？可事實並非如此，銷售員從舉手敲門、客戶出來開門，與客戶的應對進退，一直到成交、告退，每一關都是荊棘叢叢，沒有平坦大道可走，銷售員必須具備一種頑強的職業精神。

「失敗乃成功之母，勝敗乃兵家常事。」一個戰士沒有充分的心理準備，一上陣就會心慌意亂、措手不及。銷售員與其逃避拒絕，不如抱著失敗的心理，銷售前好好研究一下對方怎樣拒絕、為什

麼拒絕以及你如何對付拒絕等等問題。

透過小故事說服客戶

銷售大師一定是個講故事的高手，因為在銷售的語言技巧中要運用到講故事的地方實在太多了。引用小故事、成語或寓言有幾項簡單的要領，內容精彩固然重要，但要客戶聽得入神，可就需要下一番工夫了。

1、改寫劇本，增添趣味性

引用實例是就一項事實加以轉述，以其真實性達到驗證的效果。引用小故事可就不同了，只要摘取原故事的大綱，其他的枝節刪掉或增加都可以，就算要加油添醋、誇大其詞都悉聽尊便，主要目的是利用其趣味性贏得客戶會心一笑，讓客戶敞開心扉。因此，絕對不要將其他銷售員曾引用的故事原封不動的搬出來，一定要用自己的語言改變內容，讓舊的故事有一番新的面貌。

2、略帶恐怖和幽默

小故事的內容或是讓客戶略覺恐怖，或是讓客戶覺得幽默。前者可以讓客戶產生恐懼，「不買的話會有何後果？」後者則讓客戶產生猜想，「買了的話將可享受更多樂趣」。

在接近階段引用小故事時，應以具有幽默感的為宜，在拒絕處理階段則看客戶拒絕的態度來決定，至於促成階段時則較適合使用具有恐怖效果的故事。

3、突然引用

這是引用小故事的訣竅，就是說，不要急著來個開場白「有個故事是這樣的……」，不需要做預告，單刀直入開講就可以了。因為當客戶一聽到「有個故事是這樣的……」，往往會認為那只是個故事，和自己沒多大關係。

4、隨時可以來一段故事

引用小故事不見得非得客戶提出拒絕後，其主要目的是為了激發客戶購買欲望，所以在任何時候都可以來上一段故事。當然，客戶拒絕時一定也有相應的故事可作緩解，因此平時應多準備一些故事。

在保險銷售的過程中，講保險故事是很重要的一環。有些客戶沒有保險意識，聽了保險故事之後才會被點醒。

原一平講起保險故事相當傳神，客戶往往聽得激動起來。講到令人心酸的地方時，原一平還會掉下眼淚。

有人問：「你是怎麼訓練自己講保險故事的?」

原一平說：「有些人以為我本身就具有近乎演員的天賦，其實不是。我自己每天都要講一個保險故事，就像演員一般從背誦劇本到融入當事人角色，認真練習一二十次，直到抓住故事的精髓為止。」

任何事，用心或不用心，差別就在這裡。原一平的能耐不是生來就有的。

「保險故事在保險銷售裡頭具有強烈的催化作用，講得越好，催化力越強。」原一平道出自己的心得。

透過舉例子說服客戶

所謂「拒絕的語言技巧」並非硬要將客戶拒絕的理由加以反駁扭轉，客戶之所以會拒絕購買，主要還是因為不夠了解商品，所以在銷售之後假如無法馬上成交，就必須再利用語言技巧來讓客戶認同購買商品的必要性。

1、以名人、學者為例

這種方式或許是銷售員最常使用的。你可以需要提起某某集團的某某名人也購買這一種商品，客戶不見得一定要知道某某人，只要知道是某某集團就可以了，也就是利用權威博得客戶的信任。

運用這種銷售語言的訣竅在於若無其事的提出權威人士的頭銜，但不需要立即追加一句「所以啊！絕對值得購買」，只要讓客戶覺得商品的確不錯即可，不要急於求成，以免引起客戶反感，以為你故意用權威人士來對自己施加壓力。

2、利用傳播媒體情報

報刊雜誌上的報導也可以多加利用，尤其是報紙傳播的範圍最廣，平時應多看幾份報紙，凡是相關的報導一律剪下來整編成冊，盡可能選擇繪有圖表的，以免全是文字太過單調，有時候不妨自己動筆畫。像這類大眾傳播媒體的情報更能獲得客戶的信任，添加自己的權威性，要是客戶恰巧也看過的話，還可以產生親切感。

3、利用客戶認識的人作為誘因

「這附近好多人都跟我買這份險，隔壁的 OO 也說……」讓客戶有著「大家都買了，我不能不買」的感覺。記住，不要連名帶姓道出已購買者的名字，倒不是怕客戶曾因不喜歡某某人而拒絕購買，只是這麼說的話容易引起客戶的戒備心，害怕自己成為下一個被銷售員拿來作銷售的示範。

勝茂向一家大製造公司的總電機師銷售安全電燈開關。當他絞盡腦汁，想說服這位電機師的時候，忽然有人報告說廠裡的一個雇員，在一個沒有遮蔽的開關上觸電受了重傷。

這倆人立即趕去醫院，在那裡，他們碰到了醫師、工廠安全師和工廠總幹事。

就在這一天，勝茂接到了一個叫他吃驚的訂貨單。勝茂頓時大悟，如果一個工人觸電而死的事故發生在一個銷售員想說服一個固執的電機工程師時，那麼安全電燈開關馬上就會變成標準的工廠設備！不過，實際上每回交易沒有談妥時，要殺死一個工人，確是不可能的。因此，他決定用言辭「殺死」他們。

他果然這樣做了，結果在接連幾個月中，勝茂的銷售額在製造安全電燈開關的公司裡獨占鰲頭。

在銷售過程中，銷售員經常會遇到客戶懷疑產品的問題。這個時候，採用舉例法，用他身邊可以清楚感受的例子就可以被很好的解決，使得客戶打消疑慮，加快做出正面的決定。

其實，這招「舉例法」我們平時經常使用。需要提醒一點，就是所舉例子的真實性和可對比性的問題，這點很關鍵。如果你要面對的本身就是一個小客戶，而你總是舉一些如何幫助大客戶成交的例證，是不會得到客戶的認同的。而在所舉例子的空間和地域選擇上，最好選擇舉例不遠且真實的客戶，讓他有較為強烈的認同感，才有助於合作。否則，忽視了上面的問題，反而會與初衷背道而馳，讓客戶覺得被欺騙，引起對方的反感，從而失去下一次見面溝通的機會！

透過問題來說服客戶

成功的銷售員常常問的是「你需要多少」、「你喜歡這種式樣還是那種式樣」、「喜歡這種顏色還是別的顏色」等等，他們似乎都假定對方已經決定購買了，這一假定就是包含在問句中的暗示，對於這種暗示，客戶很難覺察到它不是自己的選擇。

瑞祥是一名汽車銷售員，憑著多年的銷售經驗，他知道，客戶要做出這項決策並不容易，特別是老年客戶。如果他這樣說：「先生，您只需付一百萬，這輛車就歸您了。您看怎麼樣？」客戶往往無法輕易的做出決策，他或許需要時間考慮考慮，但是瑞祥透過向客戶提問，賣出汽車就順利多了。

請看他們之間的對話：

「您喜歡兩個門的還是四個門的？」

「哦，我喜歡兩個門的。」

「您喜歡這種顏色中的哪一種呢？」

「我喜歡黑色的。」

「您要帶調幅式還是調頻式的收音機？」

「還是調幅的好。」

「您要車底部塗防銹層的嗎？」

「當然。」

「要染色玻璃的嗎？」

「那倒不一定。」

「汽車胎要白圈嗎？」

「不，謝謝。」

「我們可以在五月一日，最晚八點交貨。」

「五月一日最好。」

在提出了這些對客戶並不難做的小決策後，這位銷售員遞來訂單，輕鬆的說：「好吧，先生，請在這裡簽字，現在這輛車是您的了。」

在這裡，銷售員所問的一切問題都假定了對方已經決定買，只是尚未定下來買什麼樣的車。

說服客戶有時候並不是簡單用你的一套說辭就能成功的，相反，你如果能夠透過不斷提問，引導客戶按照自己的意圖來思考，那麼，要說服客戶購買就簡單多了。從成功銷售員的實踐中可以發現，他們經常採用提問的方式，使客戶在不知不中順著預先設想好的路走下去，最終到達了銷售員規劃好的成交終點站。

抓住客戶的懼怕心理

電視廣告畫面一：兩位年輕漂亮的小姐在打字，一位聚精會神的不停敲著鍵盤，另一位在使用OO眼藥水。接著，畫面現出使用OO眼藥水的小姐還是眼明如鏡；另外一位卻架上了副老氣的眼鏡。同時畫外音以恐怖而悠揚的聲調說道：「疲勞是眼睛的敵人，保護你靈魂之窗，請用OO眼藥水。」

電視廣告畫面二：兩位年近花甲的老人在爬天橋趕火車，其中一位步伐矯健，一下鑽進車內，臉不紅、氣不喘，手抓吊環充滿活力；而另一位氣喘吁吁，好不容易上了車，環顧四周，盡是些無精打采的老人。畫外音：「你想保持活力嗎？請趕緊服用OO補給飲料。」

這兩則廣告都是利用生活中屢見不鮮的事例，加以生動渲染，誇大了恐怖效果，使觀眾懼怕起來：「我要那樣就糟了。」

於是一定有人在想：

「我的眼睛也經常疲勞，得用OO眼藥水了。」

「我爬樓梯也是氣喘吁吁的。」（懼怕自己衰老。其實任何人爬樓梯都不會像走平地那般輕鬆。）

「我也經常無精打采、疲憊不堪。」（任何人累了都不會神采奕奕。）

總之，廣告利用了人們希望健康、充滿活力的活下去，不希望受病痛之苦的共同心理，誇大了人們日常的身體不適，使觀眾產生懼怕心理：「我可不能變成電視上那種糟糕的樣子，用一用OO眼藥水、OO補給飲料吧！」於是這兩種商品的銷售量顯著增加。

銷售員也可以利用客戶的懼怕心理進行有效的銷售。

有位手腕高明的銷售員就是如此。

「太太，現在雞蛋都是經過自動選蛋機選出的，大小一樣，很漂亮，可常常會出現壞蛋。」這樣一來，曾買到壞蛋的人自然產生共鳴。

「新聞曾報導，有一個孩子因他媽媽不在家，又想吃雞蛋，就自己煮了吃，沒想到吃了壞蛋中毒，差一點丟了性命。……您瞧，這些都是今天剛下的新鮮雞蛋……」

恐怖之餘，這位太太買下了這些雞蛋，可等銷售員走了，她才納悶起來：「我怎麼知道這些雞蛋是不是真的新鮮呢？」

如此利用消費者恐怖心理達到銷售成功，當然不是十分「光明正大」的手法，但對有些商品（健康食品、防盜門……）的銷售，利用客戶的懼怕心理的確是一種銷售小技。

善於運用人際關係

「人是社會關係的總和。」生活在社會中的人，每天都處於各種人際關係之中。現代社會中，人們只有借著分工合作、人際關係來確保自己物質生活的滿足。即使是人們精神生活，也是互相依存的。

我們平常所講的要培養「獨立生活的能力」、「獨立思考的習慣」，都只是針對極小的範圍。一個人的知識、思想、觀念、愛好乃至對簡單事物的判斷，都是受周圍人的暗示、明示及其他形形色色的影響。一個人從小受著家庭、社會、學校的教育，且這種教育的影響一直在他身上起作用。可以說，如果一個人一出生就與眾人隔離，那麼他將成為「非人」，不具備普通人的特性了。

事實上，幾乎沒有能真正進行獨立思考的人。所謂獨立思考，是指他能根據自己平時吸收的知識、觀念、見聞對事物做出自己的判斷，而不是囫圇吞棗、人云亦云。

正因為如此，我們的宣傳廣告、銷售活動才會存在，並起著不容取代的作用。學校是傳播知識的地方，但學校永遠無法取代廣告銷售，因為學校教的知識都是抽象的，而廣告、銷售活動能把具體的東西呈現在你面前。比如學校教你照相機的原理、操作方法等，但不會告訴你應該買哪種牌號的照相機。

現代生活中，指導人們進行消費活動要靠宣傳廣告和銷售活動。宣傳廣告由公司來規劃，而具體銷售活動就是銷售員的責任了。

那麼，如何讓客戶相信你所說的都是可信可行的呢？正因為銷售員的職業特點，人們向來對銷售員的話產生疑慮或者將信將疑。

在商店裡可以看到這樣的場面，營業員在向一位女客戶銷售羊毛衫，不停說這羊毛衫品質好、樣式好等等，客戶卻總是將信將疑，拿不定主意。如果和她同來的好友也跟著說好，那麼生意便成了；如果她的好友列出羊毛衫的幾個缺點，那麼任憑營業員怎麼苦口婆心，甚至這件羊毛衫真的貨真價實，這筆生意也很難做成。這不是因為這位客戶優柔寡斷、沒有主見，而是因為不存在什麼「獨立思考」。這就是社會關係中的人。

銷售員必須善於利用客戶的人際關係。客戶的親朋好友很可能是忠實能幹的銷售助手，其作用之大絕不容你忽視。

如果在你極力吹噓你的商品的時候，能得到客戶周圍人的幾句美言，那麼你成交的希望會增加很多。

不要替自己留後路

「拒絕是不可避免的，不要灰心泄氣。」上司總是這麼不斷鼓勵你，可銷售員一上「商場」便是孤獨的戰士。勝了，也滿身是傷；敗了，則罪不可逃。所以，接二連三的吃閉門羹，而別人還是叫你去殺呀衝呀，怎能不灰心喪氣，要想再精神抖擻是很難的。

銷售員每天都是大敵當前，然而最大的敵人還是自己。如果自己灰心喪氣、臨陣脫逃，躲進同溫層取暖，豈不是「不打自敗」了。

逃避畢竟不是辦法，逃兵和逃犯的生活還不如被抓進監獄裡過牢獄生活踏實安穩。除非你改行，否則要想當銷售員就得破釜沉舟，使自己無路可逃，義無反顧的登門銷售，接觸客戶，直面拒絕，接受挑戰。

一個成功的銷售員必須堅守兩條原則：

(1) 切斷自己的逃路與退路；

不要替自己留後路

(2) 以鋼鐵意志勇往直前。

那麼怎樣切斷退路和逃路？又怎樣使自己意志剛強、勇往直前呢？

有一位優秀的銷售員談到他的成功之道時說：「我訂了一本小冊子，每頁劃上二十個方格，每訪問五家就在方格內填一個正字，二十個方格填滿了，就代表我一天的訪問目標（一百家）完成了。」不管是二十格還是一百格，不管是寫正字還是劃格子，都是督促達到目標的手段。它能切斷你的退路、逃路，使你明白已訪問了幾家、還有幾家未訪問，從而鼓勵你打起精神，繼續向前！

採用這種手段需要極強的意志，只有不辭勞苦，才能寫完二十個正字、劃完一百個方格。那麼，要戰勝自己的懶惰，避免三分鐘熱度，就要堅守以下四個信條：

(1) 不要跟自己討價還價。一天一百家就是一百家，沒有通融餘地，達不成，披星戴月也要銷售。

(2) 欠債必還。今天只完成九十五家，明天目標便是一百零五家。

(3) 隨時隨地銷售。時間從不賒帳，今天就是今天，昨天就是昨天，明天絕不會加上你的昨天，請抓住一切時機進行銷售。

(4) 會休息的人，才會工作。人不是鐵打的，人勞累了就要休息，休息不好就消除不了疲勞，人一疲勞就沒有精力，而銷售員必須精力充沛，所以不要過分逼自己去完成不切實際的過高目標。

第十章 在商談中巧妙成交

談判是雙方不斷讓步最終達到價值交換的一個過程。讓步既需要把握時機又需要掌握一些基本的技巧，也許一個小小的讓步會涉及到整個策略布局，草率讓步和寸土不讓都是不可取的。一些銷售員在談判過程中不斷重複著毫無原則的讓步，不清楚讓步的真實目的，結果往往將自己逼入絕境，而對手卻在靜觀其變。這些談判者除了缺乏對談判的了解外，也有自身性格的原因，他們不願意為了一樁小事傷了面子、壞了心情，影響日後的交易。這種對於談判的理解在業界是非常普遍的，卻是極端危險的。因此，優秀的銷售員總是懂得在遇到問題時繞道而行，使談判不致因小失大，善用迂迴戰術巧妙成交。

把握好談判的原則

在商業談判時，最無情的對手往往是最厲害的對手，在原則的問題上，絕對不能給對方半點可乘之機，因此，要練就談判時的伶牙俐齒，一定要經過一番艱苦的鍛鍊。

(1) 商業談判中，對於與談判無關的人和物都應盡量避免議論，特別是不要以一種批語或揭露的態度來討論第三方的過失和是非。它包括以下兩個部分：

①禁忌背後指責另一位商業同行。禁忌在一位商業夥伴面前談論另一位老闆的所作所為，最初他可能聽得津津有味，可是如果他聰明，他就會這樣想：既然你能和我談論別人的私事，那麼在別人面前又會說我什麼呢？

某家公司的老闆在幾乎做成一筆大生意的時候，很不合時宜的談論起他的另一位主顧的某些私人活動。新客戶默然半晌，慢慢說：「對不起，我不想也成為別人的話柄。」結果他失去了這筆生意。

②對於本公司客戶的私人或其企業的矛盾應盡量保持中立而不介入。談判時言行的不慎重會破壞信任感，並導致一些嚴重的問題。

例如，某公司的一個重要主顧，和他自己的顧問關係不合，在關係惡化時期，這位主顧總對那個公司的老闆說，他想解僱自己的顧問，並問那位老闆對此怎樣看，於是，這位老闆便把自己的想法透露給他，結果這引起了這位顧問的強烈反感，最終導致了公司與客戶關係的破裂。

(2)不要礙於情面而在談判中讓步。談生意，不能光算良心帳而不算經濟帳。經營談判成功與否取決於誠意如何，取決於科學預測成功的可能性。

①不要高估經營談判中「隨機應變」的作用。不要被對方採取的心理威懾嚇倒。不要把經營談判中「心理戰術」的作用無限誇大。談生意，不要總到對方的地域去談。

②不要認為一味誇耀自己的企業、自己的產品，就能使談判成功。在商業談判中，不可向對方炫耀自己的行政級別、職務、職稱。不要被對方龐大的企業規模、談判對手的地位之高所壓倒。不要在大家興高采烈時表示拒絕，要選擇合適的時機拒絕對方的不合理要求。

③談判時，不要自卑。不要在談判中自動放棄主動權，不要緊張，要深思熟慮。不要寸利必奪，寸土必爭，該放棄的就要放棄。不要只「達理」而不「通情」，要注意情感的交流和相互的理解。

(3)經營談判中，不可意氣用事，不能進行情緒性的談判，而要進行理解性的談判。

①對於談判中的「僵局」，不可用強硬的方法去化解，要堅持兼顧雙方利益為談判原則。不要以損害對方利益為滿足，不要以為談判對手不能合作。談判中，要有必要的忍耐，該拒絕的馬上拒絕，不要隨意拖延。不要有厭煩、急躁情緒。

②談判時，不要離題太遠。不要在對方提出自己毫無準備的問題時一副驚惶失措的模樣。在對方指出自己企業、團體的弊端時，不要惱羞成怒。要記住「挑剔是買主」，更要記住「買賣成與不成，都要使友誼長存」。

③談判中，不要把話說得太絕。對方如果說出任何批判性的話，不要樣樣都氣急敗壞的解釋一番。如果客戶不講理，也不要想著「以其人之道，還治其人之身」。對待一般客戶，

更不能「得理不讓人」。

④談判中，不要不給對方說話的機會。要注意語言簡潔。在談判中要有勇氣說「我不了解」，在真正了解以前，你要繼續說「我不了解」。在談判中，應該堅持事情必須逐項討論。當有人存心攪和你的討論時，千萬不要讓他得逞，你可以用你自己的方法來討論，並且要讓他傾聽你的理由。

懂得駕馭談判進程

如何使談判工作得以進一步的深入，是銷售員駕馭談判進程的關鍵。銷售員要想成功展開談判工作，需要掌握以下幾個策略和技巧：

1、明確達到目標需要解決多少問題

為了很好駕馭談判的進程，主談必須明確達到目標需要解決的問題有哪些。實際談判中，由於主談人經驗不足，常常會出現遺漏問題的現象，從表面上看似乎所有問題都已達成了一致，而在書寫協議時，甚至簽約後的執行中，又發現有漏列或隱藏在合約字句中的不同理解點，從而使雙方都感到處境十分窘迫，也可能由此而產生經濟糾紛等。因此，主談應有責任將所有的大小問題列入腦海裡，做到心中有數。

2、抓住分歧的實質

因為每個人的修養和個性各不相同，因此在談判中，對於一個問題的回答往往會有多種策略和技巧，有時也會讓人難以理解，甚至出現離題太遠的現象。這就需要銷售員能夠抓住分歧的實質，把握住洽談發展的方向，切忌在慌亂中迷失方向、誤入歧途。應具備平息混亂、清醒洽談的思路，促使談判向目標方向發展。具體應採取如下措施：

(1) 善於及時整理已有的各種觀點。透過整理，可以告訴洽談成員哪些是有關的、哪些是無關的，以便保留和重視相關觀點。

(2) 對於相關問題，要善於指出各種觀點的分歧點。對於具有共同點的各種問題要善於合併同類項，從而歸納出真正的分歧點。

(3) 分析分歧點的實質性。透過論證提出分歧所反映的實質，以使後面的談判能夠擊中要害。

(4) 提出應該討論的新問題。根據分歧所反映的實質，抓住圍繞實質的部分，從而找到解決實質性分歧的相關問題，以便進一步解決。

3、不斷小結談判成果

銷售員及時小結談判結果是提高談判效率的重要手段。無論談判如何變化，所涉及之處應有一定的目的。一旦提出了一些問題，應及時檢查效果並對其做出評價和結論，同時認證該結論雙方是否一致同意。若是，則應予以小結，作為一個問題的結束。不是，則尚須進一步磋商。這樣做可達到兩個目的：一是向大家展示工作成果，以振奮士氣；二是避免重複做同樣的事，浪費時間和精力。

4、掌握談判的節奏

談判的節奏主要反映在時間的長短和問題安排的鬆緊程度兩個方面。談判展開後，雙方條件已經亮出，何時爭、何時讓、爭什麼、讓什麼都有其節奏問題。洽談時態度強硬與否，談判時間安排得緊或鬆也是節奏問題。實踐證明，銷售員把整個談判節奏安排得好與壞，會直接影響談判的效果。

談判如要按時間和完成議題的數量來劃分，可以有多種不同的劃分方法。比如，雙方預計談判要一週的時間，則可大致以兩天為一期。這樣預計要談三個回合。若談判的議題有幾個，則可視為三個議題為一時期。若談判程序為技術、合約條文、價格三個部門，也可視其為三個時期。實際上，還可依談判內容來進行劃分，即全面交換技術、合約條文、價格條件為談判的初期；在初期基礎之上整理出各方面的分歧，並就此進行談判為談判的中期；對技術、合約條文、價格三方面的關鍵性問題進行最後的談判為後期。

總之，談判各階段的劃分可依項目的大小、談判內容的難易而各不相同，但基本原則是一樣的。因此，銷售員只要掌握好劃分階段的技巧，就能夠熟練的把握談判的節奏。

在談判中搶占上風

1、營造良好氣氛

參加商業談判時一定要注意自己言談舉止應與會場主題氣氛相一致，應時刻提醒自己：任何一個不恰當的行為都會帶來負作用，都會使自己失去一次成功的機會。一個外商要與一家企業的廠長簽訂一筆大宗交易的合約，在通往談判室的走廊裡，這位廠長向牆角吐了一口痰，隨即用腳去擦，這位外商看見後，拂袖而去。

2、絕不能取笑對手

談判中寧可取笑自己，也絕不取笑對方。這是在商業會談中使用幽默的一項重要原則。

與客戶見面時要態度友好，表情自然，面帶微笑，給客戶一種和藹可親的感覺，消除其陌生感；禁忌過分親熱；握手時第一次目光接觸，宜表現出堅定和自信，使客戶覺得和此人打交道可靠；在和對方握手和目光接觸時，忌諱猶豫和閃躲；行動和說話要輕鬆自如，落落大方，忌諱慌慌張張、吞吞吐吐及畏首畏尾。

在會談之前宜適當談些非業務性話題或寒暄幾句，這樣能使會談氣氛變得融洽，忌諱生硬的切入話題。

3、盡量採取主動

在商業談判中不是東風壓倒西風就是西風壓倒東風，誰占據主動就意味著獲得更多的利益，因此，談判中應採取相應措施，在心理上壓倒對方。

要充分暴露對方商品的缺點。加以揭露賣主商品的缺點，藉以達到殺價的目的。如果情況是賣主而急欲脫手時，要採取拖延戰術，不妨提出同類商品廉價出售的資料，使賣主對自己所提出的高價格失去信心。

盡量利用第三者出面與賣主洽商，採取迂迴戰術，或讓多人分別殺價，比價殺價結果，得出賣主願售價格的答案。應該欲擒故縱，對於賣主提供的商品，明明中意，仍要表示出不喜歡的種種理由，藉此殺價。

可採用合夥戰術，告訴賣主你有合夥人擬共同投資，你須與合夥人協商，而且你所出價格須經合夥人同意，才能成交。盡量採用拖拉戰術，為了使對方降低售價，你可提出很多理由，予以拖延。

4、絕不先讓步

在商業談判中，鬥智鬥勇的目的就在於不讓對方有可乘之機。需知「一步放鬆，步步被動」，許多談判失敗的一方就是這樣逐漸走向被動的。所以，成功人士指出，商業談判時應注意：替自己留下討價還價的餘地。如果你是賣主，喊價要高一點；如果你是買主，出價要低一點。讓對方先對重要的問題做出讓步，如果你願意的話，在較輕微的問題上，你也可以先讓步。讓對方努力爭取所能得到的每樣東西，因為人們對於輕易獲得的東西不會十分珍惜。

不要太快讓步，晚點讓步會比較好，因為他等待愈久，就會愈珍惜它。同等級的讓步是不必要的。不要做無謂的讓步，每次讓步都要從對方那裡獲得某些益處。有時不妨做些對你沒有任何損失的讓步。

「這件事我會考慮一下」也是一種讓步。每個讓步都包含著你的利潤。不要不好意思說「不」。大部分人都怕說「不」，其實，如果你說了夠多的話，他便會相信你真的在說「不」。所以要耐心一點，而且要前後一致。

儘管在讓步的情況下，也要永遠保持全局的有利形勢。假若你做了讓步後想要反悔，也不要不好意思，因為那不算是協定，一切都還可以重新來過。

正確處理談判中的異議

你聽到客戶說「價格太貴了」了嗎？這是客戶對價格的一般異議，也是經常提出的異議。處理這種異議所採取的常規方法是「理解價值法」，即設法使客戶理解你的產品的價值，讓他們相信產品的價格與價值是相符的。如果你的產品價格比競爭者的產品價格高，那麼你就需設法使客戶理解優越部分的價值與價格差是相符的。但要說服並讓客戶理解是很難的事情，這裡介紹一種使價格異議變得無足輕重，甚至荒謬可笑的促成交易術。

美國銷售大師湯姆．霍普金斯講過一段自己運用這種方法成功銷售高速辦公影印機的經歷。一天，湯姆走進一家公司，當公司老闆聽到高速影印機的價格是一萬美元時說：「價格太貴了。」湯姆問：「那麼您能接受的價格是多少呢？」老闆回答說：「八千美元左右。」這是當時一般影印機的市場價格。這其中的價格異議只是兩千美元，而不是一萬美元了，也就是說毋須再談這一萬美元的價格。那麼這個差額就成為異議的焦點。

湯姆說：「先生，實際的問題是兩千美元，不是嗎？那好，我認為應當認真的把這個問題放到適當的位置上進行探討。」他把計算機遞給老闆，繼續說：「假定您擁有這種高速影印機，您認為能用五年嗎？」老闆說：「差不多這樣。」湯姆說：「好，兩千美元除以五，每年就是四百美元，影印機在貴公司每年能使用五十週，那麼每週就是八美元，對嗎？」湯姆接著說：「我了解貴公司週末還有許多工作，需大量加班，因此我認為每週使用七天是比較合理的。這樣，八除七等於多少？」老闆說：「一點一四美元。」湯姆微笑著說：「您是不是覺得因為每天得多花一點一四美元，就不應該購買超能影印機來增加利潤、增加產量和擴大生產能力？」老闆回答說：「這個……我不知道。」「先生，我能冒昧請問這裡的打字員最低薪資是多少？」「大約每小時三點五美元，這大概是最低的。」「是三點五美元，那麼這一點一四美元就等於您的最低薪資的打字員工作二十分鐘的報酬。」湯姆說，「先生，讓我再問您一件事，這種高速機器連同它所擁有的現代化生產能力和節約時間的特點，以及我們所講到的效用，在一天內為貴公司創造的利潤難道不會比打字員在二十分鐘內創造的更多嗎？」老闆回答說：「不，我想會更多。」湯姆接著說：「那麼意見一致了，是嗎？順便說，哪一天交貨最符合您的計畫？一號還是十五號？」就這樣，交易促成了。

「你們的價格有點高」、「你們的產品比同級別的品牌貴呀」，這是一些客戶在談到價格時經常說的兩句話。如何應對價格異議呢？

1、比CP值。價格是客戶最敏感的因素，要想讓客戶感覺到產品值，就要為客戶分析產品CP值，比如包裝、材料、性能等方面，讓客戶認為物有所值。如果是耐用品，還可以透過分析產品為客戶帶來的節省等，消除客戶對價格的敏感度。

2、對比核算。當客戶提到價格高時，我們也可以透過對比競爭對手的品牌、原料、策略等，讓客戶真切感覺到產品價格並不高，而自己所認為的高價格，是因為有自己不太了解的因素在其中。

3、突出品牌：品牌意味著安全；品牌意味著信譽；品牌意味著實力；品牌意味著號召力。優秀的品牌是具有靜銷力的，品牌名氣大，就意味著定價的空間大。我們可以經常聽到一些客戶談到對手價格時，總是一句「人家是名牌」來搪塞競品的高定價。

4、彰顯服務：高規格、標準化的服務，也是削弱產品價格敏感度的方式之一。為什麼一些產品價格高，但依然賣得好？除了產品品質好之外，其售後服務也功不可沒。因此，向客戶充分闡述自己規範化、可以讓客戶高枕無憂的服務，也能消除客戶對於價格的異議。

5、科技含量高。向客戶展示產品所蘊含的高科技，比如，產品所採用的領先或者進口技術，相比於競爭對手較強的產品性能等，就可以讓客戶理解產品價格高一點的原因。

6、故意說的不高。這是說話的藝術了，銷售人員可以在與客戶溝通當中，故意將價格說的不高，比如：「這款產品才一百五十元。」一個「才」字，就巧妙掩蓋了產品價格高的真相。

處理異議應當遵循的原則

在一家鞋店，女客戶挑剔的對老闆說：「這雙鞋子後跟太高了。」老闆再拿出一雙遞給她，她說：「這種式樣我不喜歡。」老闆又拿出一雙，她又莫名其妙的說：「我的右腳比較大，很難找到合適的鞋子。」這時，老闆才開口說了一聲：「請等一下！」便轉身進到裡面，拿出另外一雙鞋子說：「我想這雙鞋子您一定會滿意，請您試穿看看。」客戶半信半疑的試穿那雙鞋子，果然如老闆所說的那樣令她非常滿意，於是她高興的買下那雙鞋子。

一個銷售員要想獲得成功，必須正確對待和處理客戶的異議，在處理異議時至少要遵循以下四個原則。

1、要聽客戶講完

當客戶不斷提出異議，其實就為你提供了說服客戶的資料。上例中的那位鞋店老闆，就深諳這種道理，盡量讓對方說出她想說的話，等她把心中所想的全部表達出來，喪失提出問題的資料時，就會按照己方的意願進行，而成功賣出適合客戶需要的鞋子。如果客戶說了幾句，銷售員卻還以一堆反駁的話，不僅打斷了客戶的講話使客戶感到生氣，還會向對方透露出許多情報。當客戶掌握了這些資訊後，銷售員就處在不利的地位，客戶便會想出許多拒絕購買的理由。結果當然就不可能達成交易。

2、不要跟客戶爭論

這有著很深刻的涵義，當客戶提出異議時，意味著他需要更多的資訊。一旦與客戶發生爭論，拿出各式各樣的理由來壓服客戶時，銷售員即使在爭論中取勝，卻澈底失去了成交的機會。

3、突破異議時不要攻擊客戶

銷售員在遇到異議時，必須把客戶和他們的異議分開。也就是說，要把客戶自身同他們提出的每一個異議區別開來。這樣，你在突破異議時才不會傷害到客戶本身。要理解客戶提出異議時的心理，要注意保護客戶的自尊心。如果你說他們的異議不明智、沒道理，那麼你就是在打擊對方的情緒，傷害他們的自尊心，儘管你在邏輯的戰鬥中取勝，在感情的戰鬥中卻失敗了，最終不可能獲得成功。

4、要引導客戶回答他們自己的異議

成功的銷售員總是誘使客戶回答他們自己的異議。有一句銷售格言：「如果你說出來，他們會懷疑；如果他們說出來，那就是真的。」客戶提出異議，說明在他們的內心深處想購買，只要引導他們如何購買就行了。只要你在這方面努力，給客戶時間，引導他們，大多數客戶會回答他們自己的異議的。

談判過程要慎言

商場說錯一句話就很可能使整個交易前功盡棄，所以一定要慎言。

談判過程要慎言

俗話說：「話不投機半句多。」可銷售員要和客戶親近關係，需要雙方談得來談得投機，所以，談論什麼話題就很重要。我們常碰見一種人油嘴滑舌，精明過人，「見人說人話，見鬼說鬼話」，簡直是見風使舵、言不由衷。一般來說，這種人很被人討厭、憎惡，可話又說回來，這種人雖然沒有定性，但他們還是善解人意、能揣透別人心思的，可謂一種高明的洞察力。這種人有一個優勢，就是和什麼人都能談得來，不傷別人興趣。當然，並不是說這種人好、值得大家學習效仿。但凡是做過銷售工作的，不管是得意者，還是失意者，都一定有此體會，即在商場上高談闊論、嫉惡如仇，其所招致的後果往往不堪設想。所以上述之人在某些方面還是有供銷售員可取之處的。

關於銷售員在商場上應該避諱的話題，可歸納為六大忌諱：

(1) 政治、宗教的話題。

(2) 客戶深以為憾的缺點和弱點（你一見面就可觀察出來）。

(3) 不景氣、手頭緊之類的話。（既然手頭緊，怎麼能有錢買你的東西？）

(4) 競爭者的壞話（客戶會認為你心胸狹窄，對你產生不良的印象）。

(5) 主管、同事、公司的壞話（客戶會認為你在公司不得志，與大家合不來，便不願與你打交道）。

(6) 別的客戶的祕密（客戶會認為你愛探聽別人的祕密，而且愛張揚，想到與你打交道後可能也會被你說什麼，便會拒絕你再進門）。

別讓客戶因為花錢而心疼

日本的旅館經營者總是要求服務員：「結帳時要敏捷的把錢收下來，數錢動作要極其迅速，不要讓客戶多看幾眼鈔票。」

我們知道，人的通性是享受時快樂、花錢時痛心。雖然明知住人家房子、蓋人家被子、吃人家的飯菜、喝人家的飲料便應該付出代價，可當要掏腰包時還是捨不得，雖不盡理，卻是人之常情。所以旅館老闆要求服務員收錢時動作敏捷，是避免讓客戶眼睜睜看著自己的錢裝進別人的口袋而於心不忍。

現在市場上，商品的標價以「九」字為結尾的很多，明明是一百元的東西卻賣九十九元，五十塊的賣四十九塊，這也是為切斷客戶付錢時的依依情絲。因為付完錢還可找回零錢，雖是大錢換小錢，但出後有進，畢竟達成心理上的平衡。

買高級商品，如房地產、汽車等就有「訂金」，這「訂金」也是斬斷情絲的利劍。小額的訂金不僅僅表示客戶願意買下商品，售主不得再將商品售給他人，還有減緩客戶「付款時心痛」的作用。

交付訂金後緊接著便簽訂契約，然後是分期付款，由於訂金和分期的數額只占總額的極小部分，便可以在客戶心理上造成錯覺：「花這麼點錢買這麼大的房子，很划算！」於是便加強了決定購買的勇氣。

銷售祕訣之一便是：不要讓客戶察覺花錢的心痛。也就是提高購買欲，讓客戶覺得：「太喜歡了，花錢值得。」

有一家電動玩具店的老闆，當客戶一進門，便極力讓客戶把玩具抱在手中玩，然後一面鼓動如簧之舌，製造氣氛，使客戶感覺玩具已歸己擁有；一面察其顏、觀其色。當客戶表露出喜愛之情，便把玩具塞進客戶的口袋；如玩具體積大，便說「我馬上就送去你家」。而且他還竭力避免讓客戶提及價錢問題。如果對方要購買，他便立刻說：「價錢您放心，這是最低標價，您先拿回去，如有人比我便宜，隨時可以退貨。」這就是製造已經成交的假象。

近來很流行的「科幻商法」也是斬斷客戶付款情絲的利劍。即把店裡弄得很暗，商品用聚光燈照射，照得讓客戶眼花撩亂，同時伴隨著迷人的音樂，即使賣的商品品質不佳，許多人卻迷迷糊糊的買下了。等回到家才發現上當受騙，而且還不明白當時是如何買下的。

當然利用「科幻商法」銷售劣質商品是不對的，但卻說明了製造氣氛的重要，它是麻醉劑、止痛藥，讓客戶感覺不到付款的心痛，也好比利劍斬斷了客戶對荷包的依依情絲。

讓客戶記住商品的優點

受到學生歡迎的老師，並不一定是因為他講課的內容有何超人之處，而很可能是因為他講課的方式和技巧，即講得深入淺出而能讓學生理解。同樣，成績優異的銷售員，並不一定對自己銷售的商品有何深刻的認識，但一定有一種獨到的講解方式，使客戶一聽就懂。

那麼，怎樣才能讓客戶一聽就明白呢？我們知道小的商品可以隨身攜帶以展示在客戶面前，而大型商品（汽車、房地產等）或抽象的商品（保險、證券等）則無法隨身攜帶，客戶也就看不見摸不著了，這便需要銷售員將其利益好處具體化、形象化（照片、畫圖、制表等），以表現商品魅力。

你也許曾有這樣的經歷：去餐廳吃飯，拿起菜單便說「這道菜看起來好好吃的，就選這個吧！」這便是餐廳業者把「菜單」形象化了，也就更能吸引客戶了。

銷售員銷售商品時如果「有圖為證」，既能省你半天口舌，又比言辭說明更具有吸引力和說服力。當然，如能有銷售員的雄辯口才配以圖片說明，則更能使圖中商品栩栩如生。例如，你介紹某種產品年利潤為百分之十，還不如打個比方說投資五千元生產這種產品，一年就賺五百元，這樣不是更形象、更清楚，更能吸引客戶嗎？

有位農業專家向農民講解「酸性土壤」的知識，連續幾個鐘頭，講得口乾舌燥，當問到大家還有什麼疑問時，一位農民站起身問道：「專家，您講的『酸性土壤』在什麼地方？」一語使得專家幾個鐘頭的汗水付諸東流。

銷售中的卓卓戰績並不來自於其滔滔不絕、口若懸河的講話藝術，而是來自於他的每句話能在客戶腦中產生鮮明的印象，能把商品的點點好處生動形象的刻劃在客戶的大腦裡。

針對客戶的本性開展工作

俗話說：「江山易改，本性難移。」所謂人的本性有許多種。古語：「食、色性也。」食慾、色慾可以說是人的基本的、原始的、生理上的本性，以此為基礎，實際上人類已發展出許多心理的本性。

一個高超的銷售員就是要能敏銳洞察客戶正在被何種本性所驅動，並善於利用之。在此針對人的各種本性來探討銷售工作的開展。

1、趨利避害的本性

人們碰到事情總是要衡量一下利弊得失，看看是否得能償失。「兩害相權取其輕，兩利相權取其重」便是取捨的標準。因此，銷售員必須讓客戶明白他買了這種商品將獲得什麼樣的利益。如若不然，則難以引起客戶的購買欲。

2、模仿的本性

俗話說猴子善於模仿，其實人才是最擅長模仿的。比如有一個女明星穿了一套新潮服裝上傳社群網站，馬上就會有人模仿，這種服裝也就很快成為時裝了。所以，當你說「OO買了這款產品」時，客戶就會想「那我也買一個吧」。

3、好奇的本性

人天生就有一種求知欲，對沒看過、沒聽過的，總想去看看、去聽聽。所以「新」本身便是一種魅力。如果你不斷吸收新知識、新資訊，將之展現給客戶，便一定能增加你對客戶的魅力。

4、自負的本性

人總是喜歡聽別人誇獎，總希望自己比別人好，兒子比別人聰明，女兒比別人漂亮。所以，銷售員善於發現別人的優點，並適時誇獎，定能得到客戶的歡心。

5、競爭的本性

人總是喜歡爭強好勝，總想超過別人，不願落後於別人。比如你對他說：「現在錄影機很普遍了，已不算奢侈品了，你買一台也不算奢侈。」這樣客戶就會想：「人家能有我為什麼不能有呢？」

6、羨慕（嫉妒）的本性

人總是喜歡相互比較，人家有我也要有。但每個人的經濟能力不一，比如大部分人家有裝冷氣，但一些家庭卻沒有支付其電費的預算，那就買一台高級的電扇吧！抓住這種心理，你可以宣傳：「以電扇之價購買冷氣的享受。」這樣便滿足了人的羨慕（嫉妒）本性。

7、恐怖的心理本性

誇大電腦、電視機、影印機等產品的輻射作用，便可銷售出消除這類危害的一系列產品，這便是利用客戶的懼怕生病的恐怖心理達到銷售的目的。

巧用交際手腕

日本的公司職員夜以繼日的出入在各地的繁華遊樂場所，以公司交際費之名，大肆揮霍公司的鈔票。為什麼日本交際費用如此高？有人說這是日本的民族性。其實一樁生意的成功與否並不一定取決於貨真價實，買賣雙方的交情具有很大影響力，所以，交際便是商場交易的催化劑，而且效果顯著。

辦公室談不成的事，在餐廳請吃一頓美味佳餚、上等酒或僅僅請喝一杯咖啡，事情就會變得順利了。難怪有人說，商場上交往無道理可講，交情便是決定因素。這裡的交情並不是指什麼空洞的東西，而是由實實在在的「物質財富」構成的。

俗話說：「吃人嘴軟，拿人手短。」他今天請你吃飯喝酒，明天請你遊山玩水，後天伸手向你借錢，你不借也不行了。

銷售員有時也必須運用一下這種拉交情、走後門的絕招。假定對方說：「好，有機會我會考察你的商品。」這種外交辭令，說穿了便是「不要你的貨」。而如果好菜往他口裡一送、好酒往他肚裡一灌，態度就會馬上轉變：「哦，好說，好說，請這裡坐，我們仔細談一下。」這個轉變就是妙用交際手腕的效果。

所謂巧用交際手腕，就是在你大獻殷勤時，要講求場合，注意分寸，把握適度，不要太明目張膽，以避免讓對方覺得你在收買他，而傷害其自尊。因為每人都有一點自尊，即使事實上他已被收買，但還是要表現出「我可不是那麼好收買的」。如果不給他一點面子，就可能會弄巧成拙，偷雞不成蝕把米。

借助上級主管的威望

對於每個銷售員來說，越是有希望的客戶，就越是希望能從頭到尾都由自己一人來完成銷售工作。這就是人的自負心理，表示這個工作我自己一人就能夠獨立完成。而凡是自己獨立完成的，這個客戶便理所當然是自己的客戶，誰也搶不走。這種自負的銷售心理很正常也很自然。然而如果過分自負，往往是心有餘而力不足，到嘴邊的肥肉也會被別人搶走，「連本帶利輸個精光」。

所以在你力不從心的情況下，就不要怕失臉，或怕有利益分配的問題，而強作支撐。既然你無能為力，就應求得援助，而這個援助最值得考慮的便是你的上級主管。因為他有責任和能力幫助你，而他應該也樂意助你一臂的。

那麼，在什麼情況下需要借助上級主管的威望呢？

1、猶豫不決的客戶

有些客戶在剛開始交談時很爽快，可到需要簽約成交時，卻猶豫不決，總拿不定主意，不是沒錢，也不是沒有購買決定權，更不是不想買，只是優柔寡斷，下不了決心。這時你就應該請出上級主管：「平時我們科長是不能挨家挨戶訪問的，但由於您是一個辦事謹慎的人，恐怕您還有什麼不明白之處。所以我特地請他一道來，你有什麼問題盡可提出來，有我們科長在，什麼問題都好解決。」其實客戶早已沒有問題了。科長出馬，只不過是壯壯聲勢，促使客戶早下購買決心。

2、自以為高人一等的客戶

有些客戶自以為了不起，認為小小銷售員夠不上與自己交談，非得讓上級主管親自應戰。雖然主管並不像你那麼了解情況，但這種自命不凡的人，說得難聽一點，便是狗眼看人低，故意擺架子，此時把上級主管請來，或許可以壓壓他的威風。

3、囉哩叭嗦的客戶

有些客戶總是問個沒完，解釋好幾遍，他問來問去又問到相同問題上，囉哩叭嗦，還說不清楚，於是便耽誤簽約成交。對於這種婆婆媽媽、優柔寡斷的人，最好請來上級主管，你的誠意再加上主管的威望，會使得他「早見天日」。

在銷售行業中，上級主管表面上是管理銷售員的，其實也是為銷售員服務的，身為部下，必須學會善於利用上級主管的威望，從而達到銷售目的，這是成為優秀銷售員的一個技巧。

成交前後的注意事項

在成交、簽約的時候要使用誘導式的應付方法，就是把客戶的情緒置於好像生意已經談妥的氣氛之中。

要把握簽約成交的時機，即把握客戶情緒的變化，伺機而動，一鼓作氣攻破對方防線。為了把握最佳時機，不致失敗，應特別注意以下各項：

1、從容決戰

許多銷售新手往往會在最後簽約成交時慌張、著急，使得唾手可得的買賣功虧一簣，所以一定要沉著應戰。

2、多言無益

在初與客戶交手時，可以採用靈活迂迴戰術，話題扯得越遠越好，以便與客戶搭界，但在最後簽約成交的決戰中，則不能浪費一顆子彈，要全力製造氣氛迫使對方「就範」——決定購買。

3、不要得意忘形

要有大將風度，喜怒不形於色，否則，樂極生悲，使得客戶心中生疑，又落個竹籃打水一場空。

4、不加爭論

到了成交的階段，客戶便面臨著滿足欲望而付款痛心的關頭，你這時的工作只能是再鼓舞其欲望不斷升溫，而不要因客戶的一些無理言辭而與其爭論。

5、不要讓價

到了最後關頭，要不要減價則無所謂了，客戶這時要求減價，多是存僥倖心理，不會因為減不了價而改變主意的。

6、不可久坐

即使是契約已簽好，也不要久坐與客戶閒聊，因為這時客戶還在因付款而心痛，你應讓其「靜心補養一段時間」。

7、不到錢進貨出之時不要得意忘形

因為簽訂契約並不能算生意完全成功。雖然契約對客戶有一定約束力，但客戶仍可以改變主意，因為他只是交納了一些款項而已。即使到錢進貨出時，也有退貨之事，所以在這段時間千萬不能過分得意忘形。

總之，關於成交前後的注意事項，主要是謹慎從事，不得疏忽大意。

善於捕捉成交信號

所謂成交信號，是指客戶在銷售面談過程中所表現出來的各種成交意向。成交信號的表現形式十分複雜，客戶有意無意中流露出來的種種言行都可能是明顯的成交信號。

成交是一種明示行為，而成交信號則是一種行為暗示，是暗示成交的行為和提示。從實際銷售工作中，客戶往往不先提出成交，更不願主動明確的提示成交。為了保證自己所提出的交易條件，或者為了殺價，即使心裡很想成交，也不說出口，似乎先提出成交者一定會吃虧。

正如一對有心相戀的情人，誰也不願先說出內心的真情，似乎這樣就會降低自己的身價，客戶的這種心理狀態是成交的障礙。不過，好在「愛」是藏不住的，客戶的成交意向總會透過各種方面表現出來，銷售員必須善於觀察客戶的言行，捕捉各種成交信號，及時促成交易。在實際銷售工作中，成交信號取決於一定的銷售氣氛，還取決於客戶的購買動機和個人特質。

1、直接郵寄廣告得到反應。在尋找客戶的過程中，銷售員可以分期分批寄出一些銷售廣告。這些郵寄廣告得到迅速的反應，表明客戶有購買意向，是一種明顯的成交信號。

2、客戶經常接受銷售員的約見。在絕大多數情況下，客戶往往不願意重複接見同一位成交無望的銷售員，如果客戶樂於經常接受銷售員的約見，這就暗示著這位客戶有購買意向，銷售員應該利用有利時機，及時促成交易。

3、客戶的接待態度逐漸轉好。在實際銷售工作中，有些客戶態度冷淡或拒絕接見銷售員，即使勉強接受約見，也是不冷不熱，企圖讓銷售員自討沒趣。銷售員應該我行我素，自強不息。一旦客戶的接待態度漸漸轉好，這就說明客戶開始注意你的商品，並且對你的商品產生了一定的興趣，暗示著客戶成交意向，這一轉變就是一種明顯的成交信號。

4、在面談過程中，客戶主動提出更換面談場所。在一般情況下，客戶不會更換面談場所，有時在正式面談過程中，客戶會主動提出更換面談場所，例如由會客室換進辦公室，或者由大辦公室換進小辦公室等等。這一更換也是一種暗示，是一種有利的成交信號。

5、在面談期間，客戶拒絕接見其他公司的銷售員或其他相關人員，這代表客戶非常重視這次會談，不願被別人打擾，銷售中應該充分利用這一時機。

6、在面談過程中，接見人主動向銷售員介紹該公司負責採購的人員及其他相關人員。在銷售過程中，銷售員總是首先接近具有購買決策權的人員及其他相關人員，而這些相關人員並不負責具體的購買事宜，也很少直接參與相關具體購買條件的商談。一旦接見人主動向銷售員介紹採購人員或其他相關人員，則說明決策人已經做出初步購買決策，相關具體事項留待採購人員進一步商談，這是一種明顯的成交信號。

7、客戶提出各種問題要求銷售員回答。這說明客戶對銷售品有興趣，是有利的成交信號。

8、客戶提出各種購買異議。客戶異議是針對銷售員及其銷售建議和銷售品而提出的不同意見。客戶異議既是成交的障礙，也是成交的信號。

9、客戶要求銷售員展示銷售品。這表示客戶有購買意向，銷售員應該抓住有利時機，努力促成交易。

小心謹慎促使成交

談生意並不是「搖頭不算點頭算」那麼簡單，即便是貨出錢進了也會出現問題而致退貨，所以應該謹小慎微，尤其是在成交的時候。

1、充滿信心

信心可以造成一種氣氛，來感染客戶情緒，堅定他購買的決心。不要問「買不買?」而要採用讓客戶覺得「已經決定買下了」的暗示誘導方法。比如你可以這麼說：「您今天訂貨，下星期就可以送貨了。近來生意很好，貨一出廠便被搶購一空，但我一定想方設法把您訂的貨送來。」

2、使客戶感到是他自己在做選擇

你最好這麼說：「瞧，您選擇的這種貨既便宜又優質，實在有眼光。」避免說：「您聽我的話沒錯，別的客戶聽了我的話買下它都覺得很滿意。」

3、對容易誤會的條款再三說明

客戶對契約上的條款不一定都充分了解，有時簽完契約後，會發現某個條款與原來自己理解的不同，往往在交貨時發生爭執，客戶明知是自己誤會，仍然會有一種受騙上當之感。所以在簽約時你一定要再三強調契約中容易誤會和重要的條款，這樣，你便可以建立很好的信用。

4、向周圍的人致謝

在簽完契約後你不僅要對簽約者表示感謝，而且千萬不要忽視對其周圍人的感謝。如果你只向簽約者致謝，那麼其周圍人中，將來一定會有你商場上的意外伏兵。

5、簽約後轉移話題

簽約對客戶來說是進行了一場欲望與付款的艱苦交戰，銷售員與客戶之間也是交鋒不易。那麼，簽約後就應該放鬆一下緊張情緒，轉移到輕鬆的話題上，切記不能久留，只待抽根菸的工夫便應告辭。

6、消除客戶的不安

客戶交完款之後貨未拿到手，難免心存一絲不安，即使你已給了對方收據。所以，你若再進一步說明何時交貨和交貨方式，就能消除客戶的不安。

7、語氣溫柔和氣婉轉

簽字時，話語一定要溫柔婉轉。如你說：「麻煩您在這簽個名、蓋個章。」這樣一定比您冷冰冰的說「請在這裡簽字蓋章」使客戶聽起來舒服得多。

總之，生意越到最後關頭越要小心謹慎。

樹立正確的成交態度

成交是整個銷售過程中最重要的一環，氣氛比較緊張，容易使銷售員產生一些心理上的障礙，直接阻礙成交。客戶異議是屬於客戶方面的成交障礙，也是比較明顯的成交障礙，銷售員可以利用有關技術和方法去加以適當處理，消除這些障礙。這裡所講的成交心理障礙，主要是指各種不利於成交的銷售心理狀態，是屬於銷售員方面的成交障礙。要消除這些成交障礙，就要求銷售員樹立正確的成交態度，加強成交心理訓練。

1、銷售員擔心成交失敗

產生這種心理障礙的主要原因在於社會偏見的深刻影響，有些銷售員缺少成交經驗，沒有足夠的心理準備，也容易產生這樣的成交恐懼症。大量的實踐證明，並非每一次銷售面談都會導致最後的成交，真正達成最後交易的只是少數，只要充分認識這一點，銷售員就會鼓起勇氣，不怕失敗。

2、銷售員具有職業自卑感

產生這種成交心理障礙的主要原因在於社會成見，銷售員本身的思想認知水準也會導致不同程度的自卑感。產生這種自卑感的主因是他們沒有充分了解自己工作的社會意義和價值。因此，為了克服職業自卑感，消除成交心理障礙，銷售員應當認真學習現代銷售學基本理論和基本技術，提高職業思想認知水準，加強職業修養，培養職業自豪感和自信心。

3、銷售員認為客戶會自動提出成交要求

這是一種錯覺，也是一種嚴重的成交心理障礙。在實際銷售工作中，有些銷售員未能成交，僅僅因為他們認為沒有必要主動提出成交，他們認為客戶在面談結束時會自動購買商品，但是，事實證明，絕大多數客戶都採取被動態度，需要銷售員首先提出成交要求。因此，銷售員應該糾正上述錯覺，主動提出成交要求，並適當施加成交壓力，積極促成交易。

4、銷售員成交期望過高

因為銷售員成交期望太高，就會產生太大的成交壓力。應當意識到，這種壓力雖是成交的動力，但也是成交的阻力。一旦成交期望太高，就會破壞良好的成交氣氛，引起客戶的反感，直接阻礙成交的進行。

充分留有成交餘地

在正式面談過程中，銷售員應該及時提示銷售重點，開展重點銷售，告訴客戶，吸引客戶，說服客戶。在處理客戶異議時，銷售員也應該提示相關銷售要點，補償或抵消相關購買異議。到了成交的階段，似乎該說的都說了，該看的都看了，客戶已經明確了銷售要點，不用再做更多的說明了。但是，為了最後促成交易，銷售員應該講究策略，遇事多留一手，等到成交時再一一提示有利於成交的銷售要點和優惠條件，促使客戶下定最後的購買決心，有效達成交易。

有些銷售員不了解客戶的購買心理，面談起來滔滔不絕，銷售要點暴露無遺，這樣既不利於客戶接受銷售資訊，又不利於最後成交。如果銷售員在面談時和盤托出，這樣就會變主動為被動，因此，銷售員應該講究成交策略，多留幾手絕招，除非萬不得已，絕不輕易亮出王牌。既要及時提示銷售重點，又要充分留有成交餘地。

另外，銷售員也要為客戶留下一定的購買餘地，即使這一次不能成交，也希望日後還有成交的機會。

總之，在成交過程中，銷售員應該講究一定的成交策略，堅持一定的成交原則。也就是說，銷售員應該密切注意成交信號，靈活機動，隨時準備成交；銷售員應該培養正確的成交態度，消除各種成交心理障礙，謹慎對待客戶的否定回答；銷售員應該充分留有成交餘地，利用一切可以利用的成交機會，有效促成交易。

第十一章 成交之後的延續工作

很多銷售員都認為成交是銷售的終端，以為成交了就等於劃上了一個圓滿的句號。其實不然，世界知名的銷售員都不把成交看成是銷售的終點站，銷售員永遠也不要讓客戶感到自己只是為了銷售而銷售，不要讓客戶感到自己一旦達到了目的，就對客戶失去了興趣。如果這樣，客戶就會有失落感，那麼他很可能會取消剛才的購買決定。所以，優秀的銷售員一定要懂得鞏固你的銷售成果，避免客戶因為和你簽約而反悔，這就需要銷售員做好成交之後的後續工作。

做好售後服務工作

對銷售員來說，提高業績的祕訣除了經驗、知識、技術之外，還有最重要的一項就是「擁有優秀的準客戶」。

所謂「巧婦難為無米之炊」，儘管是銷售界的高手，一旦缺乏有力的準備客戶，還是不容易維持好業績。反之，即使是資歷短淺的新手，只要擁有許多優秀的準客戶，一樣可以獲得高業績。

為了確保準客戶的數目，必須格外重視售後服務。一般而言，愈是有能力的銷售員，客戶人數愈多，且都能保持良好的人際關係。這裡所謂的「人際關係」，是指使客戶得到滿足的一種關係。其次是周全的售後服務。銷售員之所以要做好售後服務，是希望客戶能為自己介紹新的準客戶，也就是說，做好售後服務，最大的好處在於「客戶會帶來客戶」。

不願做售後服務的銷售員，理由大多是不想聽對方抱怨什麼。這麼想是自私的，畢竟客戶買了你的東西，給予你莫大的好處，你怎可得了便宜還賣乖呢？而且如果產品本身品質很好，客戶絕對不會抱怨什麼，只有品質不佳的產品，才會招致怨聲載道。如果你不願為客戶做售後服務，豈不表示對產品沒有信心？

優秀的銷售員都知道這個道理，所以，他們勤於做售後服務，藉以獲得客戶的信任，並且滿足對方的需求。

客戶的心理一旦獲得滿足，他們就會成為你最有力的事業夥伴，他們會把你產品的好處告訴朋友，甚至還會把準客戶帶到你面前來。於是，售後服務就不只是贏得信賴而已，還是幫助自己提升業績的最佳手段。

售後服務既是促銷的手段，又充當著「無聲」的宣傳員工作，而這種無聲所達到的藝術境界，比那誇誇其談的有聲宣傳要高超得多！

當今企業的競爭中，售後服務是一項不可有任何忽視的重要內容。一般來說，在品質、價格基本相當的商品中，誰為消費者服務得好，誰就賣得快、賣得多，誰就能占領市場。

對於售後服務工作歷來有兩種態度和做法。一些人認為這是關係企業生死存亡的大事，所以總是千方百計的處理好各項售後服務；一些人則認為，商品一經售出，便形成企業囊中之物，再去提供服務不僅是企業的額外負擔，而且還白白浪費人力和金錢，於是一直奉行著「當場看清，概不退換」的格言。更有甚者，在耐用消費品一時暢銷的情況下，還打歪主意，靠廣告大力吹捧，把不合格的商品送上市場，當消費者上當受騙強烈反映時，或是推託一番，或是不予理睬。

成交並不意味著銷售的終結

許多銷售員都認為成交意味著銷售的結束，以為成交了就等於劃上了一個圓滿的句號，就萬事大吉了。實際上並非如此。

世界知名的銷售員從來都不會把成交看成是銷售的結束，喬．吉拉德曾經說過：「成交之後才是銷售的開始。」

銷售成功之後，吉拉德需要做的事情就是，將那些客戶及其與買車子有關的一切資訊全部記進卡片裡面；同時，他對買過車子的人都寄出一張感謝卡。他認為這是理所當然的事。所以，吉拉德特別對買主寄出感謝卡，買主對感謝卡感到十分新奇，以至於印象特別深刻。

不僅如此，吉拉德在成交後依然站在客戶的一邊，他說：「一旦新車子出了嚴重的問題，客戶找上門來要求修理，相關修理部門的工作人員如果知道這輛車子是我賣的，那麼他們就應該馬上通知我。我會立刻趕到，我一定讓人把修理工作做好，讓客戶對車子的每一個小地方都感到滿意，這也是我的工作。沒有成功的維修服務，銷售也就不能成功。如果客戶仍覺得有嚴重的問題，我的責任就是要和客戶站在一邊，確保他的車子能夠正常運行。我會幫助客戶要求進一步的維護和修理，我會和他共同爭取，一起對付那些汽車修理技工，一起對付汽車經銷商，一起對付汽車製造商。無論何時何地，我總是要和我的客戶站在一起，與他們同呼吸、共命運。」

吉拉德將客戶視為長期的投資，絕不賣一部車子後即置客戶於不顧。他本著來日方長、後會有期的意念，希望他日客戶不斷為他介紹親朋好友來車行買車，或客戶的子女已成長者，而將車子賣予其子女。賣車之後，總希望讓客戶感到買到了一部好車，而且能終身不忘。客戶的親戚朋友想買車時，首先便會考慮到找他，這就是他銷售的最終目標。

車子賣給客戶後，若客戶沒有任何聯絡的話，他就試著不斷與那位客戶接觸。打電話給老客戶時，開門見山便問：「以前買的車子情況如何？」通常白天打電話到客戶家裡，來接電話的多半是客人的妻子，她們大多會回答「車子情況很好」，他再問：「任何問題都沒有？」順便向對方示意，在保修期內該車子仔細檢查一遍，並提醒她在這期間送到這裡是免費檢修的。

吉拉德說：「我不希望只銷售給他這一輛車子，我特別愛惜我的客戶，我希望他以後所買的每一輛車子都是由我銷售出去的。」

「成交之後仍要繼續銷售」，這種觀念使得吉拉德把成交當做銷售的開始。吉拉德在和自己的顧客成交之後，並不是把他們置於腦後，而是繼續關心他們，並恰當的表現出來。

吉拉德每月要寄賀卡給他的一萬多名顧客。一月份祝賀新年，二月份紀念華盛頓誕辰日，三月份祝賀聖派翠克節……凡是在吉拉德那裡買了汽車的人，都收到了吉拉德的賀卡，也就記住了他。

正因為喬．吉拉德沒有忘記自己的顧客，顧客才不會忘記他。

銷售是一個連續的過程，成交既是本次銷售活動的結束，又是下次銷售活動的開始。銷售員在成交之後繼續關心顧客，將會既贏得老顧客，又能吸引新顧客，使生意越做越大，客戶越來越多。

在每位客戶的背後，都大約站著兩百五十人，這是與他關係比較親近的人：同事、鄰居、親戚、朋友。如果一個銷售員在年初的一個星期裡見到五十人，其中只要有兩個客戶對他的態度感到不愉快，到了年底，由於連鎖反應，就可能有五百人不願意和這個銷售員打交道。

你也許會認為一個終日躲在家中的人，不可能認識那麼多人。總之，兩百五十人只是個平均值。

不管你對於每天接觸的客戶具有何種想法，這都無所謂，重要的是你對待他們的方法。你必須時時牢記，你目前從事的是做生意，在做生意的時候，無論對方是故意開玩笑或是你所討厭的人，都不能任意得罪，畢竟他們都有可能將錢放入你的口袋。

想客戶之所想

一些銷售員為了達成交易，增加自己的銷售額，從來不替客戶著想，甚至採取傾力銷售的做法，拚命向客戶兜售自己的產品，這是違反商業道德的。不為客戶著想，採取傾力銷售的做法，不但損害了客戶的利益，而且也會損害銷售員的利益。對客戶無益的交易也必然有損於銷售員，這是放諸四海皆準的銷售真理。

怎樣才能算是想客戶之所想呢？

1、不要總是向客戶銷售價格昂貴的高檔產品

並不是每個客戶都需要高級產品和買得起高級產品，買得起高級產品的客戶也並不是只需要和永遠需要高級產品。

為客戶著想，整體而言就是不要老向他們銷售高級產品。如果你不注意、不重視這點，客戶就會懷疑你的銷售動機，就會認為你所以這樣做完全是為了增加個人收入。在同時向客戶銷售幾種產品的情況下，不要一開口就介紹高級產品。但是，如果你從蛛絲馬跡中發現客戶確實需要某種高級產品時，就應該不失時機的向客戶介紹。

2、價格上漲時要事先通知你的客戶

千萬不要不向客戶打招呼就突然宣布你的產品價格上漲。如果你的一位常客一直向你訂購產品，而你的產品價格需要調高，就應當盡快告訴他，並且要向他講清楚調高價格的理由，如果你沒有事先把漲價的事告訴客戶，直到他拿到付款通知單時才知道，他就會失去對你的信任。

3、要信守諾言

君子一言，駟馬難追。你要以自己的言行博得客戶對你的信任，並且相信他的權益也會由於你信守諾言而得到保護。令人痛心的是，許多保證不過是一紙空文。如果書面保證在執行中受到限制，你應當提前向客戶解釋清楚。

4、要有據可循

你的銷售論點必須有事實根據，讓人聽起來有理有據。如果過分誇大你的產品，就會使人難以置信，或者使客戶無法核實你說的話是否正確。即使你說的完全是事實，也會使客戶產生懷疑。

因此，任何時候都應當拿出充分的證據來證實你論點的真實性。無論如何，直截了當的向銷售員提出不信任他的產品的客戶畢竟是少數。許多銷售員之所以沒有獲得客戶的訂單，其原因就是他們高估了客戶對其產品的信任程度，低估了向客戶提供證據的必要性。客戶購買你的產品是要付出代價的，他不會也不能隨隨便便的購買你的產品。因此，銷售產品時一定要拿出充分的證據來證明你觀點的真實性。

5、承認商品的缺點

坦率的承認商品的缺點，客戶不僅不會對你的商品失去信心，反而會認為你這個人誠實可靠，是為客戶著想，因而可能同你達成交易。

6、成交後應與客戶繼續保持聯絡

雖然銷售員已經得到了客戶的訂單，但他的銷售工作還沒有結束。一個有責任感的銷售員在得到訂單以後，對所發生的一切還應該繼續承擔責任，並且還要盡可能的向客戶提供各種服務，讓客戶盡量從購買的產品中得到好處。

總之，銷售員應有遠見卓識，意志堅強，不為某些誘人的交易機會所動。如果你發現客戶的訂貨完全是出於無知所致，或者客戶不滿意購買決定，你應當放棄成交機會，並把你的想法告訴客戶。

任何一位客戶都會為此而真誠的感謝你。你雖然會因此而失去一份訂單，卻可能贏得客戶的信任，使他成為你的老主顧，甚至把你當做他的參謀和朋友。

在銷售產品時，為了使銷售工作不斷取得成功，放棄一些銷售機會是完全必要的。如果一個銷售員在銷售工作中做不到這一點，他很快就會遭到失敗。

提供優質的售後服務

正是憑藉著優質服務，聯邦快遞公司才取得了很大成功。因為它所保證的是跨地區或跨國界的準確、快速投遞，客戶們都願意付出比一般平郵高出幾十倍的快遞費。而大多數平郵信件都能在二十四小時內送達目的地，但沒有絕對的保證。可見，美國人還是比較欣賞優質、可靠的服務。

喬·吉拉德不止一次聽到有人對他說：「我來你這裡前已經轉過好幾家店了，但是我還是願意來你這裡買東西，因為有一樣東西別人無法提供給我，那就是你，喬。」任何人聽到這種話時，都會覺得那是最動人的奉承話。多次合作、重複交易是如此容易，比起第一次對這些客戶做的銷售努力，真是毫不費力。人們都真心感激喬·吉拉德在提供服務時付出的額外努力，當他們再次來買車時，他們不會忘記這一點。事實是他們在走進來見到喬·吉拉德之前就已經被說服了，因為喬·吉拉德透過第一次成交後的優質服務贏得了他們的好感和信賴。

優質售後服務具有以下五個特徵：

(1) 衷心的感激是服務的原動力——「真誠感人」是人際溝通亙古不變的道理。
(2) 隨時留意客戶的需求——服務出於主動，效果自然倍增。
(3) 記住值得紀念的日期與事務——有好記性的人通常也有好人緣。
(4) 客戶有難時更要盡力相助——災厄一過，你就已讓他留下深刻的印象。
(5) 不要放棄任何可以服務的機會——人生以服務為目的。

客戶的利益是你行動的指南

任何一個渴望著在商界成功的人，都應該將下面三點作為你工作的原則：

(1) 客戶的願望比任何工作都重要！
(2) 應該誠實、禮貌的對待客戶，打從心底把他們當做朋友！
(3) 經常給客戶驚喜！

之所以要把客戶當做你成功的上帝，原因非常簡單，沒有客戶，任何一個成功者什麼事情都做不成，他們也就什麼都不是！

所以，在商界成功人士的心目中，市場永遠是他們生活的中心，客戶的利益是他們行動的唯一指南。

在商界競爭的過程中，要成功，有無數的事情需要我們去做，有無數的工作等著我們去完成。

但是，與客戶建立起良好的關係，不斷贏得新的客戶，卻比我們做任何事都重要。

只有新舊客戶不斷購買我們的產品，我們的事業才能興旺發達，我們才能成功！

因此，我們要成功創業，就必須將自己所有的經營思路和活動都集中到客戶的利益這一方面，最大限度的滿足客戶的需求。任何一位渴望成功創業的人，都應該爭取成為客戶的貼心人。在這一方面，你只有做得比你的競爭對手更好，想得更周密，做得更完美，你才有可能獲得更大意義上的成功。

世界上最大的電子儀器公司之一的惠普公司初創時只有七名員工、五百多美元的資本，是個設在私人汽車庫裡的小作坊。如今它已成為分公司遍及全球、擁有上百個銷售據點的國際性大企業，員工近十萬人，生產五千多種產品。在世界十大資訊產業公司中排名前列。

惠普公司的決策者認為，好的產品還需要有優質的銷售服務。只有這樣，才能有龐大的銷售額和豐厚的利潤。銷售服務工作的好壞，對企業的興衰舉足輕重。惠普公司投入了占員工總數百分之十六的人員從事銷售服務工作。銷售費用占總銷售額的百分之十五，比研究開發費用還要多。

惠普公司採用「敲使用者門」的銷售服務方式，主動、熱情、積極的銷售產品。公司規定每人每年必須完成一百八十萬元的指標。惠普公司的每項產品都有十個以上的競爭對手，因此，銷售人員要完成自己的任務絕非易事。產品銷售出去以後，還會向使用者提供及時而有效的服務，內容有安裝、調試、維修、培訓使用人員等等。產品保固期通常為一年。但為使用者維修，廠方規定維修人員在一定的時間內必須完成任務。如電腦，三天之內必須修復；使用者所在地距離維修點一百公里以內的，維修員接到通知後必須在四小時內到達現場，不得延誤；維修更換的零件也能及時獲得。

備件中心日夜上班，節假日也不休息，國內使用者有九成可在當天收到所需更換的零部件。

由於把使用者當成上帝來對待，讓客戶覺得惠普的產品不僅品質上乘，而且維修方便，確實放心。就是在「使用者是上帝」這種經營策略的指導下，惠普產品的銷售額每年遞增百分之二十六以上。可見，「惠普」能躋身世界一流的公司絕非偶然，它正是「使用者是上帝」結出的碩果。

以市場為中心、把客戶當做上帝的經營策略同時也意味著了解競爭對手的優勢和劣勢。透過全力以赴的進行這項工作，你就會對所處的整個行業有所了解，同時，你也能把握本身企業的準確定位。如此，你才會永遠立於不敗之地！

與客戶保持長期的聯絡

沒有哪一位客戶喜歡被輕視，因此，與客戶保持聯絡是十分必要的。失去客戶的一個主因是：銷售員沒有及時追蹤銷售。

優秀的銷售員總是強調一個原則：「不要忘記一個客戶，也不要讓一個客戶忘記你。」

銷售不是一件簡單的事情。銷售員的職責是長期穩住客戶，這樣才能招攬回頭生意。

1、定期會面接觸

有些客戶只是希望常常看到你的樣子。他們喜歡你，那也是他們買你東西的一個原因。有些人對人情世故是很講究的。「我就願意到他那裡去買東西，因為他對我十分客氣、尊重我，偶爾還願意聽我說話。」當然也有些客戶不在乎能不能見到你，甚至他們還不喜歡與人接近。碰到這種人，我們就不要去打擾他。但是，儘管你不去打擾他，但你還得向他提供一些可以幫助他的資訊，諸如：提一些有建設性的建議、通報一下有關發展趨勢的資訊、告訴他們最新的品牌、告訴他們同行業中某些人的做法或想法。如果你總是充滿友善、正面的想法並且願意與他們共享，你就不會為有許多人希望見到你而感到驚訝。

2、電話聯絡

建議你每月至少與你最好的客戶通一次電話，並且每週專門安排一個下午打這種服務性的電話，當你這樣做了之後，你將會對它們為你帶來的好處和機會感到驚喜。

你每個月都會得到一些特殊的新資訊，每個月都會得到些新想法，被客戶介紹來的新客戶會絡繹不絕。你打電話通常要詢問的內容不外是產品的品質、使用的效果等等，最多問一問他們對你個人的評價。打這種電話的時間不必很長，但要養成定期與你最好的客戶通電話的習慣。這種習慣將會使你得到很可觀的回報。

3、書面聯絡

你可以和客戶採取幾種書面聯絡的形式：

(1) 寫一張便條。

(2) 每月寫一封正式的信函。

(3) 寄送一些定期的新聞報導。這類新聞報導可以介紹你自己的經營概況，也可以是你從外界得到的資料，但要印上你們公司的標記，讓對方知道是你寄去的。

(4) 複印報刊的文章，當然你得知道你的客戶對哪方面的文章感興趣。

(5) 複印一些簡報寄給你的客戶，當然你也要了解他對哪方面的內容感興趣，或者想和哪些人打交道。

(6) 屆時寄出一些道謝卡、生日祝賀卡、週年紀念卡，以及一些主要節日的祝福卡。

讓客戶幫你銷售

尋找準客戶的諸多方法中，唯一比較可靠的就是介紹系統，這是使銷售員站在買主面前，不至於不自在的唯一方式。

介紹的方式有兩種：一種是由稱心滿意的客戶直接站在協助你的立場，向朋友建議你的服務品質是可以確保的；另一種是假使你嫌第一種方式太過直率，客戶可以只是替你開路，由他跟朋友說幾句好話，讓你們見個面，透過第三者去接近一個人比直接去接近的場面要自然許多。

準客戶如果是屬於陌生式，唯一使其熱情的方法，只有產生信賴感。要產生信賴感，可以舉辦研習會，在那些參加人士面前建立你所需要的可信度，如果沒有舉辦說明會的資本，就需要請人介紹，介紹人可以是現有的對你滿意的客戶，也可以是其他行業的專業人員。

而最簡單的辦法，莫過於讓每位客戶都知道，他有責任幫你再介紹客戶。一旦介紹的程式開始運作，你就不需要再面對陌生的準客戶，即使是被介紹來的準客戶，很少會回過頭去向原先的介紹人查證什麼，但至少中間的信賴障礙，可因介紹的程序而被除去，大幅改善銷售成功百分比。在一定的約訪數字下，敲門的次數，可以減少；會談的次數，可以降低；成交比例可以增加；成交金額可以擴大；還有更多的新名字被介紹，重新開始另一個銷售程序。

如果你有了一位客戶，立足點也很穩固，你就有能力取得介紹人的協助，剩下的問題就是事前如何準備了。在初次訪問中，事情沒做錯，你提出許多問題，客戶也答出不少，待你聽過所有的答案，會對他有某種程度的了解。尤其他的背景、經歷、家庭以及嗜好，更重要的是他從事的行業或工作、過去的經歷，以及未來有什麼打算。這些留作以後使用的資料，在你尋求介紹時，可以提供一切需要的線索。

巧妙化解與客戶間的矛盾

銷售員整天與各種人打交道，產生矛盾是不可避免的。如果不注意化解的方法和技巧，就會加深與客戶的矛盾，形象和信譽就會受到影響，顯然這不利於產品的銷售。只有講究口頭交際藝術，方能化解矛盾，變不利為有利。

身為銷售人員，首先應注意分析產生矛盾的原因，對於客戶的意見，應做具體的分析，區別對待。在客戶的抱怨中，有的主要是賣方的責任，如品質不過關、銷售人員態度不好、售後服務不周等等；

也有的主要是買方本身的原因，如商品使用不當、對商品帶有某種偏見，甚至是別有用心的藉口等等。不管是哪種原因，身為銷售人員應有容納不同意見的胸懷，不要與客戶辯論，更不能與客戶爭吵。銷售不宜爭辯，通常情況下，銷售人員和客戶發生矛盾是因為銷售員不等客戶把意見說完，就加以辯護，這等於替客戶心理火上澆油，爭執就難以避免。

所以，要化解矛盾，首先要選擇好答覆處理客戶意見的時機。比如說，對客戶提出的一些疑問和正確的批評意見，銷售人員便可以當即給予必要和盡可能讓客戶滿意的答覆，這樣便立即化解了矛盾，盡快掃除了成交中的障礙，確保銷售的順利進行。面對那些不能給客戶滿意的回答，或回答會惹客戶生氣，或馬上答覆會對你闡述的銷售觀點產生不利影響，面對這些情況時，銷售人員最好不要馬上答覆辯解，等客戶氣消後或幫助客戶解決問題後，再來闡明原因和道理為宜。

處理客戶的意見，化解矛盾，最不宜與客戶進行辯論，甚至爭論不休，這樣往往會把片面性客戶的關係推向對立的純買賣關係或敵對關係，不僅會使生意受阻，還會傷害對方的自尊心，引起對方的抱怨和憤慨，企業就無法實現長遠效益。當然，銷售中不宜辯論，並不排除銷售員在必要時所應進行的解釋和說明，關鍵在於應把立足點放在達成互利的成交協議上，要善於平等、友好的溝通進而相互理解、信任，與客戶一起分析其原因和爭取相應的解決措施。如不是自身或商品的問題，聽完客戶的意見後，銷售員也不要馬上辯解，如確定是自身或商品的問題，就應先向客戶道歉致謝，並表示願意賠償客戶的經濟損失和盡快改進的誠意。如果是由於客戶的責任而發生的誤會，也千萬不要正面責備客戶，因為這樣就會引起客戶的反抗心理，而是要採用客戶容易接受的誠懇態度婉轉進行解釋。

正確處理客戶的抱怨

儘管你已竭盡了全力，客戶可能仍然感到不滿意，這是因為他們對所需的產品或服務要求過高，或是因為他們使用不當，或是因為產品在供貨上未能切實履約。你應對客戶的抱怨持樂觀的態度，把它作為消除客戶受傷害的一個機會。

很多優秀銷售員提出了有關處理客戶異議的有效建議，這些建議有助於緩解矛盾，不至於使那些怨言進一步轉變為重大的問題。

(1) 預測抱怨。假如一條抱怨能夠預先料到，就可以在那個失誤剛出現時就通知客戶，這會使客戶了解到你在關注他，並降低形成抱怨的可能性。

(2) 除了聽，還是聽。仔細聆聽客戶講述其怨言是很重要的。無論客戶的怨言在你看來是多麼微不足道，但在客戶看來它們是大事。因此，你必須表現得謙恭，表示出你對此很關心並願意了解全部事實情況。

(3) 鼓勵客戶說話。當客戶向你抱怨的時候，他們多因氣憤而有些語無倫次。這時，為了緩解緊張情緒和聽清相關訊息，你應當鼓勵客戶大膽說話，講述他遇到的問題，即使那可能是個誤解。

(4) 給予回覆。告訴他們，你很理解他們的感受。

(5) 表示感謝。一定要向客戶致謝，因其抱怨才讓你意識到自己的失誤，使自己能夠真正面對並解決這些失誤。同時還要為這些問題帶給客戶的不便表示歉意。

(6) 不要推卸責任。這些都是客戶絕對不會接受的。

(7) 對待客戶的怨言不要急躁。許多時候，客戶在表述其怨言時會顯得很氣憤，可能會將情況誇大其詞或是斷章取義。在這種情況下，銷售員往往容易做出打斷對方講話、不想聽下去或急於申辯的舉動。然而，更好的辦法應該是保持冷靜並堅持聽下去。

(8) 確定實際情況。首先你得確定實際情況是什麼，這就是解決問題之前要做的。為澄清客戶的怨言是針對哪些問題而提出的，必須取得可能的相關資訊。一旦獲悉了真實情況，就必須努力予以公平的解決。

(9) 再銷和講解的機會。當你在處理客戶的異議時，向客戶進行再次銷售以及講解如何正確使用是很重要的。如果這方面做得不妥，可能導致其他的怨言或不滿。當客戶抱怨的時候，也正是向他們銷售的最佳時機。

(10) 迅速行動。當找到適宜的解決辦法時，你應該迅速實施，客戶總是期待他們的怨言能夠得到及時的解決，你要讓客戶了解你在為他們做什麼。

(11) 保留怨言紀錄。將所有客戶的怨言紀錄保存下來，將這些資料送回公司，以求使這些問題得以減少至最小程度。只有認識到怨言，才會有為解決它而採取的步驟。

記住，在你設法滿足客戶時，有幾個值得牢記的事實與重點：

(1) 客戶對自己想要的東西或希望的解決方式一清二楚，但是他可能不善言辭，無法說得很完整，或者他的表達方式令人費解。如果客戶沒辦法用清楚明白的話語說明他所抱怨的事，你就有職責去協助他將話說清楚。
(2) 你在別的地方也是客戶。想想當你是客戶時，你期待別人有什麼樣的服務水準。
(3) 每位客戶都認為他是你唯一的客戶。用那種方式對待他們，讓客戶覺得他很受重視。
(4) 客戶也是人，和我們一樣也會遇到問題。
(5) 客戶也期待唾手可得的服務。
(6) 情況完全操之在你。
(7) 客戶的感受就是事實。
(8) 給客戶他想要的東西。

對客戶進行必要的追蹤服務

凡是銷售員一般都有這樣的一種想法：一旦成交，就盡快離開客戶，否則，與客戶的進一步溝通可能導致客戶產生新的疑慮。不過，許多情況下有些細節必須予以闡明，諸如提貨的時間以及購貨條款等等，銷售員就這些細節內容與客戶達成一致共識也很重要。

如果決策人必須和另一個人一起商議購買，而此人又不在現場時，你則要提供一些額外的評判內容，以力求符合那個不在場的決策人的心意。這裡有一些幫助你的追蹤服務更能有效發揮作用的建議：

1、核查訂貨

在發出訂貨之前，你應對組織貨源、該在何時發貨為宜等事項予以核查，讓客戶了解有關自己為其所訂貨物而做的準備工作是否合理，這通常會令客戶感到格外滿意。

2、主動詢問

你應當主動向客戶詢問，而不應等客戶來找自己。如果等著客戶來找自己，那麼你只會聽到表示非常滿意或是非常不滿意這兩種類型的回饋。常常有這種情況，在解決一些小的問題方面，兩種不同的態度，會令客戶的滿意程度表現出很大差別。

3、提供必要的輔助

如果適當的話，你應該安排一次追蹤服務性質的拜訪，以便向客戶提供一些必要的輔助，諸如提供起動設備，指導使用產品。如果該客戶是位轉銷商，你還可以提供某些有助於其轉銷交易的幫助。這種服務性的拜訪具有兩點好處，一是為下次會面做了鋪墊，二是為下一次銷售奠定基礎。你可能要指導客戶本人如何使用該產品，也可能還要保證產品是在正確的安裝。為此，你要親自在場做指導。在場的時候，你還可能會發現客戶從自己這裡所購買的並非他所需要的全部，這樣就能立即就此向其提出全額訂貨的事宜。

4、反覆保證

你做追蹤服務的一個主因，是為了減輕與買主在認知上產生的不協調。無論認知處在何種層次，每一次購買時，買主都會考慮他的決策到底對不對。而你就是要做到使買主了解其購買的合理性，這應展現在確定成交之後的步驟中。然後再透過追蹤服務性的拜訪使這一主旨得到進一步加強，使買主澈底深信他的購買決策是正確的。

為了減少產生不調和的可能性，你有這樣幾件事要做：可以向客戶提供某些新資訊，以促使其落實購買決策；向他提供以前未有的額外的好處；還要寫一封信，說明自己多麼高興將與他們成為生意夥伴，以及他們的決策是多麼的明智。透過這些雙重保證措施，使客戶意識到你的確很關心他們，於是為下次交易奠定了基石。能夠和客戶保持聯絡的銷售員，都很可能得到回頭生意和更多的配額。

5、允許客戶提反對意見

在追蹤服務性的拜訪中，你應允許客戶對自己所提供的產品或服務提出反對意見。這樣做有兩個好處：一是講出問題有利於挑明分歧之處，使客戶感到更踏實；二是如果你自己了解這些問題的緣由，那麼就可能及時的加以解決。

6、更新紀錄

做好跟蹤服務的另一個方法是更新客戶的檔案。應注意到那些新發展的或產生變化的客戶，這既是為下次拜訪做鋪墊，也除去了為了努力記憶細節而造成的緊張感。

7、製造依賴感

做追蹤服務的另一重要方面是要展現你的可依賴性。你必須對客戶信守諾言，並努力確保所有細節都能一一做到，言必行，行必果。這一步驟，將會顯示出一名優秀的銷售員與一名業績平平的銷售員之間的差距。可依賴性是贏得回頭生意所需的重要途徑，只有從這種感受中，客戶才會懂得你是信守諾言和體諒他們的。

第十二章 走上成功的銷售之路

當今社會，各行各業的競爭越來越激烈，銷售領域也不例外，甚至比其他行業的情況還要嚴重一點。因為，這是一個產生最多富翁的行業，很多人都希望借著這個行業來致富。還有，在商品變得豐富的同時，消費者的選擇增加，也就催生了更多的銷售員。因此，想成為一名出色的銷售員，就要做好與大量同行競爭的準備。誰做得更好，誰就是將來的成功者，就是將來的富翁，就是將來大家紛紛學習的榜樣。所有，一個優秀的銷售員應該在工作中透過不斷學習來提升自己的實戰技能，只有這樣才能在龐大的銷售隊伍中立於不敗之地。

優秀銷售員十大原則

1、善解人意

銷售員和客戶是一對矛盾體，銷售員總是在和客戶的拒絕打交道，要想戰勝客戶的拒絕，使銷售成功，並沒有什麼祕訣，只要銷售員能了解客戶的心意。

2、創造「增值」

創造增殖是生產部門的事，銷售員只不過在銷售環節來實現這個增值，那麼銷售員又何以創造「增值」呢？

我們知道生產者生產一種產品，如果投入資本後，不能創造增值，他便不會生產這種產品；客戶買東西也一樣，如果他投資五，得到的還是五，他便不會買了，如果多了個增值X，客戶便認為自己賺了，才會下決心購買。

可以說，銷售員為客戶創造的「增值」，便是客戶對他和商品的「感情」。它就像生產者生產商品的「增值」，從利潤裡一目了然。它是一隻無形而有力的手，把客戶腰包裡的錢掏出來，交給了銷售員。

所以，銷售員不要問客戶「要不要買」，而要創造他的購買欲。客戶購買欲實際上來自於銷售員所創造的「增值」。

3、戰勝自我

有句諺語：「山中之賊易破，心中之賊難防。」不能戰勝自我的人，便戰勝不了敵人。

銷售員大部分時間都是四處奔波，孤軍奮戰。雖然是獨自行動，不免有幾分孤獨，但卻有充分的自由。而自由多了，各種誘惑也隨之增多，誠如俗語所言：「水可載舟，亦可覆舟。」自由可以使人充分發揮潛力，也可以使人趨於放縱。

所以銷售員必須具有很強的自我約束力和自我管理能力。自由散漫而不務正業，不僅不適合當銷售員，即使改換了行當，但因毛病依舊，終究還是要失敗的。

4、掌握資訊，靈機應變

銷售員不是送貨員，也不是守株待兔的店員。銷售員必須隨機應變，抓住時機。哪怕是路人的談話，只要你聽到有銷售的「前奏」——時機，便要立刻捷足先登，拉上這筆生意。所謂銷售方面的資訊，不過是指對客戶需求的迅速、準確了解，搶在別人之前銷售你的商品。而銷售員每天都與客戶打交道，當然可以從談話、觀察等方面最先了解客戶的需求，為公司也為自己掌握第一手的市場資訊，以靈機應變。

5、謹小慎微

銷售員必須洞察敏銳、考慮周密，才能把握一些看似微不足道的小事，成功完成一筆筆交易。比如平時言談舉止、衣著儀表等一些芝麻小節，都可以幫助你贏得客戶好感，得到客戶信任有助於你的生意。

做生意，其實就是做人，不會做人，也就做不好生意。因為銷售員首先要向客戶銷售的不是商品，而銷售員本人。

6、力爭上游

並不是到處奔波、揮灑汗水，總是風塵僕僕的銷售員就是好的銷售員。如果東西賣不出去，銷售額低落，即使你最賣命，也是做白工。所以銷售員要時刻記得增加自己的銷售額。如果業績落後，就要找差距，找原因，總之要奮力爭取上游。因為出色的銷售員不在於他的苦勞而在於他的功勞。

7、銷售員是企業的火車頭

如果企業的生產設備和生產能力已經有了一個上限，那麼企業生產這列火車在經濟戰線奔馳的速度便由銷售員決定了。如果銷售員能及時將產品銷售出去，那麼企業生產速度就正常；如果銷售員銷售迅速或緩慢，企業生產的速度也隨之加快或減緩。銷售員便是企業的火車頭。沒有火車頭，火車便無法行駛，沒有銷售員，企業也就無法生存。

8、銷售員是專家

銷售員必須對商品有全面的了解，才能發揮出商品的魅力，從而獲得客戶的信任。為了消除客戶對商品的疑慮，銷售員必須對自己的商品有基本的認知，如商品的構造、生產過程、原料、性能甚至修理知識都應該了解。

9、開闢自己的銷售之道

商品銷售當然有學問和理論可探索，但因地因時因人因事因物之不同，銷售術也是千變萬化的，不可盡然。銷售員向書本向他人學習固然重要，但最重要的是向自己學習，也就是不斷累積和總結自己的銷售經驗，得出一套適合自己的銷售術。這是成為出色銷售員的必經之路。

10、珍惜時間

銷售員銷售額的增加在於成功的次數，而成功的次數又在於訪問的次數，每天的訪問次數受到時間的限制。銷售員訪問的次數越多，成功的機會也就越多，想增加訪問次數，就必須抓緊時間。

工作即人生，而銷售員的銷售工作便是銷售員的人生。有意義的人生就是不斷的從工作中吸取和累積知識和經驗，實現自身的價值，使今天比昨天更成熟，明天比今天更老練。

原一平的三十一條銷售要旨

銷售之道，關鍵在自我摸索和總結。一個成功的銷售商，要使自己的銷售獲得成功，在激烈的商戰中力挫群雄，贏得客戶，就必須有強烈的銷售意識、銷售知識，還要不斷總結、累積銷售經驗，並善於銷售自己。

日本銷售之神原一平的三十一條銷售要旨是：

(1) 銷售成功的同時，要使客戶成為你的朋友；

(2) 任何準客戶都具有一攻就垮的弱點；

(3) 對於積極奮鬥的人而言，天下沒有不可能的事；

(4) 越是難纏的準客戶，他的購買力也就越強；

(5) 當你找不到路的時候，為什麼不去開闢一條；

(6) 應該使準客戶覺得認識你是非常榮幸的；

(7) 要不斷認識新朋友，這是成功的基石；

(8) 說話時，語氣要和緩，但態度一定要堅決；
(9) 對銷售員而言，善於聽比善於辯更重要；
(10) 成功者不但要心存希望，而且要擁有明確的目標；
(11) 只有不斷找尋機會的人，才能及時把握機會；
(12) 不要躲避你所厭惡的人；
(13) 忘掉失敗，不過要牢記從失敗中得到的教訓；
(14) 過分謹慎不能成大業；
(15) 世事多變化，準客戶的情況也是一樣；
(16) 銷售的成功，與事前準備的工夫成正比；
(17) 光明的未來都是從今天開始的；
(18) 失敗其實就是邁向成功所應繳的學費；
(19) 若要收入加倍，就要有加倍的準客戶；
(20) 在沒有完全氣餒之前，不能算失敗；
(21) 好的開始就是成功的一半；
(22) 空洞的言論只會顯示出說話者的輕浮；

(23) 錯過的機會是不會再來的；
(24) 只要你說的話有益於別人，你就將到處受歡迎；
(25) 「好運」眷顧努力不懈的人；
(26) 儲藏知識是一項最好的投資；
(27) 銷售員不僅要用耳朵去聽，更要用眼睛去看；
(28) 若要糾正自己的缺點，先要知道缺點在哪裡；
(29) 昨晚多幾分鐘的準備，今天少幾小時的麻煩；
(30) 未曾失敗的人，恐怕也未曾成功過；
(31) 若要成功，除了努力和堅持之外，還要加點機遇。

銷售與智商高低無關

有人對銷售員的智商與銷售成績的關係，做了一次調查研究，結果發現：

智商高的銷售成績不一定高。

有些智商高的銷售成績反而低。

有些智商低的銷售成績反而高。

這便說明智商高與銷售成績之間並沒有密不可分的直接關聯。

凡是在商場上磨練過的銷售員也許深有體會，文憑或是對商業理論知識掌握的程度與實際銷售工作是兩回事，並沒有特別的關係。而且，有些在學校裡頭腦聰明、博聞強記的人，雖然課業成績十分優異，可一走出校門，進入實際的工作職位，他們卻只能當個普通職員，而且很可能終生都是一位普通職員。可是那些在學校裡打架鬧事的「壞學生」，由於性格外向、精力旺盛、點子多，出了校門走上工作職位便脫穎而出，出類拔萃，或是在公司裡不斷被提拔，或是自己開創新的事業天地。

當然，這並不是強調「文憑無用論」，也不是學校考試不公平，只是學校裡學的商業理論知識只是商業工作的根基，而欲蓋好銷售事業的大廈，光靠根基，自然成功不了。所以根基之上的工程，就好比實際工作經驗，它的累積、創造並不在於根基的深淺，而在於性格。

銷售員沒有目標最可怕

一個人活在這個世界上如果沒有奮鬥目標，便猶如沒有舵的孤舟在大海中漂泊。沒有舵的孤舟，無論怎樣奮力航行、乘風破浪，終究無法達到彼岸。

一個人沒有人生的目標是可怕的，這並不是說別人有什麼可怕，而是沒有目標的人本身就很可怕。卡內基曾說：「毫無目標比有壞的目標更壞。」因為沒有目標並不是這人無所事事，而是這人很可能無所作為。

要想成為成功的人，必須先有明確的人生目標。沒有人生目標，也就沒有具體的行動計畫；沒有行動計畫，做事就會敷衍了事、臨時抱佛腳，也就沒有責任感，更談不上什麼意志堅強、鬥志昂揚了。沒有目標，什麼才能和努力都是白費的。

銷售員身為公司的一線人物更應該有自己的奮鬥目標。應該為每一天、每個星期、每個月、每一年，甚至你的一生確定目標。正如種子需要有雨水在滋潤才能破土而出，你的生命也須有目標方能結出碩果。在制定目標時，不妨參考過去最好的成績，使其發揚光大。永遠不要擔心你的目標過高，因為「取法乎上，得其中也；取法乎中，和其下也。」

著名銷售員喬·坎多爾弗在談及這一點時說：「身為一名銷售員，你必須為自己建立能夠達到的實際目標。當你達到了這些目標，就把目標再提升一點，並再努力達到。如果你僅僅建立長期目標，而沒有建立相應的中短期目標，則長期目標就會變得遙遙無期，甚至難以達到，從而使你泄氣，只得撒手作罷。至於為某些重要的但長遠的目標進行艱苦卓絕的奮鬥，我認為，一系列小小的勝利也極富有現實意義——運用這種方法，你就能達到長期目標，這些短期的目標使我有能力完成我的長期目標。我所要達到的就是每週一定的銷售量。絕對必要的是，你必須建立若干目標並且有達到這些目標的計畫。確定了銷售目標，就會為你指明方向，並幫助你監控計畫實施情況，使你取得成效。」

在細節中表現出你的不平凡

俗話說：「人不跌於山，而跌於蟻塚。」銷售員便是這樣，只是多數人沒有意識到是被蟻塚絆倒的。

銷售戲精

面對滿口幹話的奧客，業務內心小劇場大爆發

有一位成功銷售員，每次去登門銷售總是隨身帶著鬧鐘，當會談一開始，他便說：「我打擾您十分鐘。」然後將鬧鐘調到十分鐘的時間，時間一到鬧鐘便自動發出聲響，這時他便起身告辭：「對不起，十分鐘時間到了，我該告辭了。」如果雙方商談順利，對方會建議繼續談下去，那麼，他便說：「那好，我再打擾您十分鐘。」於是鬧鐘又調了十分鐘。

大部分客戶第一次聽到鬧鐘的聲音，很是驚訝，他便和氣的解釋：「對不起，是鬧鐘聲，我說好只打擾您十分鐘，現在時間到了。」而客戶對此的反應也是因人而異，仁者見仁，智者見智，絕大部分人會說：「嗯，你這人真守信。」也有人會說：「咳，你這人真死腦筋，再談會兒吧。」

銷售員重要的是贏得客戶的信賴，然而不管採用何種方法達到此目的，都離不開從一些微不足道的小事做起。守時只是其中一個小例子。這是用小小的信用來贏得客戶對銷售員的大信用。因為你開始答應會談十分鐘，時間到便告辭，就表示你百分之百的信守諾言。

要想贏得客戶的信賴並不是什麼轟轟烈烈的大事，只要在一些小事上用心，領略客戶所關心的事情，然後加以滿足便可以了。因為，銷售工作不像影視歌星一樣，一齣戲、一段台詞、一首歌便能打動大眾。銷售員不僅需要雄辯的口才和演技，而且需要隨時隨地揣摩客戶的心理，「唱獨角戲」的人絕不能當銷售員。

銷售員贏得客戶的技巧不妨新奇，但毋須過度做驚人之舉、出驚人之語，否則會適得其反。只有在平凡的小事中表現了不平凡，才是真正偉大的銷售員。

做好自己勝任的工作

俗話說：「功者賜祿，能者封官。」意思便是說有功者不一定有能，有能者不一定有功。對於一個有功而無能的人，要酬之以祿，而不能封以官爵；對於有能但無功之人，也不必因其無功而廢其官，無功可能是由於積弊已深，或是「時不我興」，不可遽然強求，所以不可以成敗論英雄，有能者理當封其官。

有很多公司都有一個通病，就是沒有一套人事制度分別酬於有功者和有能者。也就是銷售量至上主義，只要成績好的就提之升官，因而造成經管程度的低落。特別是當公司擴大時，這個弱點就在人事層面上呈現出來。

身為一個銷售員必須了解，優秀的銷售員不一定就是優秀的管理員。

某公司的銷售科長把部下辛苦發現、並且馬上就可成交簽約的客戶搶過來，作為自己的業績向上司報功。這位銷售科長可以說根本不懂得身為管理人員應具備什麼條件。然而類似的事件其實很多，雖然部下往往可以忍氣吞聲，但是可以預料公司內部的團結和諧一定遭到了嚴重傷害。

許多公司在創建時期總是十分有朝氣、有魄力，這是因為創業成功的人必然是有能力的管理者，但是隨著公司越來越壯大，老闆就不能事必躬親，於是就提拔了一些有功的部下。這些部下不一定是有能力的人，但卻不能不提拔。因為他們長久以來一直跟隨老闆打天下，是公司的元老，論功行賞，便不得不授之官位以安撫。可這些被提升的部下薪水雖然提高，表現卻大不如前，不但無功，甚至無能治理公司，從而把公司弄得一團糟。

由此可見，儘管都是人才，卻截然不同。有人是帥才，卻不能做好具體的事；有人是將才，卻不能統領全軍；有人是智才，卻沒有實際的辦事能力，只能出謀劃策而已。如果不能各盡其才，則必然適得其反，手忙腳亂，何談成就大業。

如前所述的銷售科長，不管他曾經是一個怎樣優秀的銷售員，但他一定不可以擔當管理者。身為管理者要讓部下明白這個道理，否則有些部下受幾次表揚、領幾個獎牌、幾張獎狀、得幾份獎金就神氣起來，胃口大開，認為下一步便是應該弄個什麼「長」當當了，而你若不讓他升遷，他便很失意，實在是不明事理。

公司部門主管負責人的任務就是如何促使、幫助部下去銷售建功，而不是自己去建功，所以，他的才能表現在部下多立功，部下的功便是他能力的展現，也是他的功。

每人的能力不一，分工不同，只有各行其是，各盡其才，才能共創大業。

為成功銷售打好基礎

心理學家做過這樣一個實驗：把一些從未割過麥子的學生分為兩組，讓其中一組從麥地的東頭開始割，另一組從西頭開始。這塊麥地很大，一眼看不到盡頭，在麥地的中間插著一面紅旗，看哪個隊先割到那裡。心理學家在其中一組的前面，每隔三公尺就插上一面綠旗，在另一組前面什麼也沒有放上。比賽結果正如心理學家所預料的那樣，前一組獲得了勝利。之所以前一組獲勝，是因為這一組的大目標被分成了可望又可及且極易達到的小目標。

小目標的完成就是一次小小的成功，而自信心正是透過一系列大大小小的成功逐漸獲得的。一位馬拉松賽跑的老牌選手說：「跑完四十二點一九五公里的長距離是很艱苦的事。為了緩和心裡的痛苦，我通常在事先看看全程情形，比如，跑到某大樓、某座橋時幾公里，然後自己先把全程分成幾個終點。當跑完一個終點時，心情就輕鬆一些。我就是以這種方法跑完全程，並創造新紀錄的。」

把大目標分成若干小目標，這是達成大目標的一種相當有效的方法。

曾經有一位雄心壯志的青年向著名銷售員喬．坎多爾弗請示指導，那女子剛剛踏入股票經紀人的行列，她說：「我打算在兩年內成為公司首屈一指的銷售員。」

坎多爾弗沒有對她進行長篇大論的指導，只是向她表示，對她來說明智的做法是先建立若干短期目標。他建議說：「為什麼妳不去建立一些切實可行的目標，像每週打電話給一百位素不相識的客戶？」稍作停頓，他又說道：「這些電話的目標就是瞄準五名客戶。現在，如果妳一天獲得一個新客戶，就以正確的方式一一與他們進行電話聯絡，並以妳滿意的客戶為核心達到一定的銷售量。」

坎多爾弗為她制定了日、週、月、季和年度目標，這樣就使她不至於產生理想落空的感覺，從而為達成短期目標為長期目標開闢道路，打下基礎。

這是一條基本的規律，即每個人都是從嬰兒過來的，沒有人會突然站立、行走並開始跑步。相反，我們先從爬行開始，然後學會行走，再學會向前跑。

古人云：「不積跬步，無以至千里。」所以，我們不僅要制定出長期規劃，比如說十年規劃，而且也要定出短期目標——年目標、月目標、週目標，乃至日目標。

銷售員要懂得修身養性

銷售員特別需要修身養性。廣播電視、報紙書刊上常有健康法、長壽食譜之類的介紹、宣傳，但卻沒有一例是針對銷售員的特殊性來談的。而對於銷售員，由於要到處奔波，特別需要健康的身體，又由於銷售員經常外出旅行，十分耗神傷身，而健康的身體又是銷售員工作的「本錢」，沒有健康的身體，便無從談起如何去四處銷售。

1、飲食

銷售員有時是日夜兼程，四處奔波，似乎都仰賴火車上的便當和餐廳裡的菜餚，如不注意飲食，就會造成上頓是粗茶淡飯、下頓是暴飲暴食或是果腹充飢的情況，這些都足以損傷身體。久而久之，身體便垮了。

2、飲酒

銷售員經常出入交際場所，尤其是餐廳，席間少不了喝酒。對於幾乎天天要應酬的，一定要謹慎飲酒，適量而止。

有人以為酒是花公司的公款買的，不喝白不喝。可是不要忘記，酒錢雖然不是花自己的，酗酒傷的卻是自己的身體，也就是花費自己身體的本錢。

銷售員十大修養原則

銷售技能固然重要，但是一個銷售員若是光有技能而無修養，就好像只有枝葉而沒有根，其茂盛不過只是一時的。因為銷售員的技能表現了他的修養程度，沒有內在的修養，自然就沒有什麼高超的技能了。

下面舉出關於銷售員修養的十大原則：

1、自我管理

因為銷售員的工作多半是單槍匹馬，孤軍奮戰，從某些方面來講，銷售員的時間是隨意安排的，不像機關辦公室的人，時間有限定，活動受監督。而且，銷售員工作的特殊性還容易使其生活陷於放縱、吊兒郎當、自由散漫、馬馬虎虎……因此，銷售員的自我管理是十分重要的。

2、必勝心

雖說不以成敗論英雄，可是主管和同事還是會以你的業績來評論你。銷售員在工作方面還是要努力達成每椿銷售，不能以「我已經盡力而為」來安慰自己。要有必勝心，有必勝心才能有必勝果。

3、設定目標

目標是行動的方向，是對自己的鞭策。每個月要做成多少生意，先做預計，估計數不能過高。否則拚命後達不到便會泄氣。定到自己努力就可以達到的數字便可。之後逐漸提高，日積月累，成績一定可觀。對待已制定的目標，一定要有非達到不可的決心。

4、責任感

做事沒有責任感，一定會受到周圍人的指責和不信任。如果沒有責任感，就不會踏踏實實、勤勤懇懇的工作，也就不可能獲得成功。

5、講禮貌

俗話說：「禮多人不怪。」不論是你的客戶，不論是在家裡還是在公司，對於你所見到的任何人都要以禮相待，不容忽視任何人，這是避免伏兵的最安全做法

6、喜怒不形於色

一個演員即使親人死了，既然上了舞台就要強作歡顏；一個政治家即使怒火中燒也要不動聲色，這便是銷售員應具備的「喜怒不形於色」的工夫。

7、成本意識

銷售員必須知道自己每日花費多少經費，以及自己的經費限度是多少，即自己每日的銷售成本是多少。這樣才能知道自己銷售多少，才能為公司賺錢。

8、守信用

信用是人與人之間合作的基礎，如果銷售員對商品的說明和承諾與實際情況不一致，便是對客戶的欺詐。尤其是在與客戶約會的時間上一定要守信，別看這是小事，你可能因此贏得客戶或失去客戶。

9、遵守公司的規定

公司的所有規定都為了公司的集體利益和便於經營管理而制定的，銷售員為這家公司服務，理應遵守其規定。如果規定有不合理之處，你大可提出；如果你不能少數服從多數，實在不能忍受，那就應該辭職而另謀高就。

10、慧眼識真金

名醫觀察你的氣色，便大概能看出你的健康狀況，這是醫生的慧眼；名記者總是能隨時隨地找到好新聞，這是記者的慧眼；銷售員發現客戶，也需要慧眼。

養成爽朗幽默的個性

不管是談戀愛或是平時交友，爽朗的微笑和幽默的談吐都是贏得對方好感的重要因素。每個人都有自己的特長，每個人也都有其崇拜者、欣賞者或者是愛人。可是有一種個性卻是人人喜歡、能夠到處左右逢源，這就是爽朗幽默。

為什麼爽朗幽默的性格能吸引別人呢？人是一種矛盾的動物，他一方面不堪忍受孤獨寂寞，要與他人交流溝通，具有群居性；另一方面人們對陌生人總有一種戒備心和恐懼感。所以，碰到陌生人的第一個反應便是關起心扉；然而並不僅僅如此，他還想去了解探察別人。如果這個陌生人表現出爽朗的善意、幽默的談吐風度，對方便會慢慢了解到你並不是「來者不善」，從而謹慎的打開心扉。

銷售員對客戶來說便是陌生人，開始並不被客戶了解。如果銷售員在訪問會談時隨時展現笑容，對人和藹可親、談吐風趣，對於銷售生意自然助益頗多。

從事飯店、餐廳、旅遊等服務業的職員，都要經過一種禮節儀態的訓練，其中便有「開朗的微笑」的訓練。

比如有些人拍照會說「cheese」、「茄子」等，因為這些字的嘴型和微笑極為相似，所以只要隨時默念「cheese」或「茄子」，就可以不時表現出爽朗的微笑。

爽朗和幽默的人很容易打開別人的心扉。不但容易打動異性的芳心，也容易打動客戶。所以爽朗和幽默的個性除了能造就情場高手，還能造就出商場高手。

要懂得嚴格要求自己

每個企業都希望自己的員工文化和技術水準不斷提高，即建立一支高素養的職工隊伍。為此，企業經常舉辦一些職業培訓班和輔導班，以增強員工能力，使企業更具競爭力。然而素養的提高、技術能力的增強，關鍵還是在於自己是否有上進心，是否有毅力，是否嚴格要求自己，企業只不過是提供給員工良好的學習機會和環境而已。

所謂「嚴格要求自己」是指銷售員應該鬥志昂揚且付諸實際行動，以及安分守己。

1、鬥志昂揚

鬥志對於人來說極其重要。一個人有鬥志和沒鬥志時，可以說是判若兩人。我們常說某人意志剛強，頑強的與疾病鬥爭，最終戰勝了病魔。這並不是說生了病不用服藥，只要意志剛強，便可除病。而是說一個人生了病，便心灰意冷，認為「這下完了」，不積極配合醫生治療，是很難治癒的。

銷售員每天奮戰於商場，敵手如林，又是孤軍奮戰，如果沒有昂揚的鬥志，便可以說是不戰自敗。所以，身為一個優秀的銷售員，不管前一天遭受多大的挫折，第二天仍然要鬥志昂揚的迎接戰鬥。

2、勤勤懇懇

銷售員光有昂揚的鬥志和扎實的商業知識及銷售技巧還是不行的，還必須有勤勤懇懇、不辭勞苦的工作態度。銷售員整天四處奔波，而且可能隨時碰壁，從生理上和心理上都承受很大的重擔，而工作成果並不是白天下了工夫，晚上便可見成效，它需要日積月累，才能收獲成功的碩果。所以銷售員必須一步一個腳印，扎扎實實，勤勤懇懇，才能有品嘗甜果的時候。

3、安分守己

如果一個銷售員上班不能準時，也就不一定能準時赴客戶的約。約會不準時，以小見大，送貨也不可能準時。不守時，就不一定能守信，這樣，客戶對你的信用必定大打折扣，所以，銷售員要取信於客戶，就必須嚴格要求自己：

(1) 當日事當日完成；

(2) 養成記筆記的習慣；

(3) 上班、約會提前五分鐘到；

(4) 禮節性的書信要立刻寄出；

(5) 做事要專心，不能三心二意；

(6) 打消悲觀情緒。

做事不能太樂觀，把問題想得太簡單，以致遇到困難措手不及，而遭到失敗；但也不能把問題想得過於複雜、嚴重，以致失去勝利的希望。

「每日三省吾身。」隨時隨地反省自己，吸取教訓，總結經驗，尋求對策，以便重整旗鼓，東山再起。

總之，嚴格要求自己，便是向自我挑戰，能夠戰勝自己的人必能戰勝敵人。

優秀銷售員要懂得揚長避短

一個人必須經常去檢查身體，使疾病被發現於初期或徵兆階段，而一旦有了某些症狀，就應該及時治療。一個公司也應該經常進行自我檢查和診斷，使企業的雜症及時得到預防和治療。

不管是一個人還是一個公司，在做自我檢查時，常常忽視一個極為重要的問題，即自己的「長處」。我們平時對某人或某公司進行檢查時，也總是要求他們找差距、找缺點，很少強調他們的長處。

如果一個公司業績很差，又沒有特長，就好比一個人病入膏肓，無可救藥了。一般來說，這種無藥可救的企業病例很少，只要經過詳細的全面診斷，找出病根，還是可以找出一些長處來的。要治好一個公司的病，就要先去發現它的長處，並以這個長處為突破，從而逐步改善，使其復原並健康發展。

同樣，一個銷售員要及時把握自己的長處，尤其是初涉商場、業績平平時，發現自己的長處，並善於用來彌補其他的短處，是極其重要的。

有一位銷售員在別人都流行著各種新穎氣派瀟灑的髮型時，卻留著很不入時的小平頭，因為他認為小平頭最適合他的臉型，而且他在名片上印上了自己小平頭的漫畫，再加上個性爽朗幽默等特徵，使他在客戶心裡留下了很深刻的印象，很多人不知道他的名字，但只要提到「那個留小平頭的」，大家都會想起他，就好像小平頭已變成他的商標了。總之，這使他的成績一直名列前茅。

人無完人，都有不足之處，但每個人都會有自己的特長，沒有任何特長的人幾乎是不存在的，只是有的未被發現而已。

其實所謂特長並不是指有什麼驚人的成就，再平凡的個性也能有被欣賞的一面。比如一個人質樸無華，口才笨拙，看起來其貌不揚，然而這就是他的長處。納於言，敏於行。許多人會被他的這種氣質吸引，認為他老實可靠，因而願意購買他的東西。

一般人把性格分為內向型和外向型兩種，那麼身為銷售員，哪種性格最為合適呢？

內向型性格的長處：

(1) 易於反省自己；
(2) 說話有分寸，不易得罪人；
(3) 沉著冷靜；
(4) 忍耐性強；
(5) 能耐孤獨。

外向型性格的長處：

(1) 活潑爽朗，易討好別人；
(2) 做事敏捷；
(3) 有衝勁；
(4) 可以開玩笑；
(5) 不計較。

現在是一個多元的時代，每一個人都應該順著自己的優勢發展下去。銷售員也應該及早發現自己的長處並發揚光大，成為易被別人接受的魅力。揚長避短是商場制勝的重要武器。

銷售員要具備現金意識

有一家小旅館的牆壁上貼著一首歌謠：「我喜歡你，你要借錢，我不能借，只怕借了你便不再上門。」說白了，就是「現金交易，恕不賒欠」。然而其言語卻很婉轉。其實，這家小旅館的一瓶酒也沒多少錢，為何要絞盡腦汁編出這樣的歌謠，以此拒絕客戶的賒欠呢？答案很明顯，如果小旅館允許客戶賒欠，其中的利息勢必要自己承擔，換言之，自己所得利潤必然被這部分利息所侵蝕。再者，小本經營的生意，如果賒欠太多，必然影響旅館的資金周轉，甚至使旅館陷入困境。

大公司雖然資金較充裕，可以容許賒欠的限度範圍較寬鬆，但拖欠賒帳也往往是造成公司營運困難的重大因素。因為公司越大，產品數量也就越多，其價值也越大，那麼賒起帳來的數額也就越大。賒欠一天兩天所侵蝕的利潤不起眼，一家兩家客戶拖欠，公司所受的損失也看不出來，然而，聚沙成塔，日積月累，如果不努力收取現金，或者每個銷售員都怠於催收現金，那麼公司將蒙受一筆龐大的損失。

日本 Panasonic 是最急於收取現金的公司。現金交易可以減輕帳目，等於提高了利潤，而且利於計算每天交易額。Panasonic 能夠隨時掌握公司的經營狀況，就是基於現金交易的前提之下。

身為公司的「前線戰士」，銷售員要加強「成本意識」，不要以為把東西銷售出去就算大功告成了。當你坐下來悠然品嘗著茶葉香時，要想想如何拒絕客戶的賒欠，從而按約定日期收回現金。

關於收取現金，銷售員要堅持如下原則：

(1) 調查選擇的原則。對沒有支付能力的客戶，不賣。
(2) 說明付款條件的原則。在契約書上顯示付款條件。
(3) 互惠互利的原則。不強迫銷售。
(4) 制定信用限度的原則。表明可以賒欠多少，超過限度不予賒欠。
(5) 慎重的原則。對於經營拖欠的客戶，要慎重發貨。
(6) 定期收款的原則。約定期一到立即上門收款。
(7) 態度堅決的原則。收款時態度不堅決，易使客戶缺乏愧疚感。
(8) 斷然拒絕的原則。對不可支付貨款的客戶斷然拒絕發貨。

讓自己與客戶都感到滿意

對於企業，不管是生產還是銷售，一般來說，有兩大任務或是兩大動機、目的：社會效益和經濟效益。二者無輕重之分，實乃一體兩面，齊頭並重。

關於社會效益，便是要滿足廣大消費者的物質和文化生活的需求，使生活更豐富，生活水準也不斷提高。

日本商界有一套所謂「水哲學」。我們知道，如果浪費一點自來水是沒有人深責你的。因為水十分豐富，到處都有。於是有人假定產品像水那樣豐富，每個人都可以像買水那樣，花極便宜的價錢就可以取得自己所需要的東西，並根據這種「水哲學」的經營思想，創造了大量生產、大量銷售的生產經營體制。

日本著名的大榮超級市場的誕生便是一個例子。老闆以極便宜的價格服務於客戶，大量進貨，大量銷售，薄利多銷，減低成本，促進消費，從而開創了日本最大的零售業「大榮超級市場」。

做生意其目的當然是為了賺錢，不賺錢這些從業人員何以養家糊口。所以賺錢是理所當然的，不能一味讓利於客戶，所謂讓利銷售，只是拋磚引玉。成功的經營者，是社會效益和經濟效益雙豐收。

從消費心理學和經營哲學兩個角度來分析，消費者總是對讓利銷售有興趣，因為他可以花較少的錢（相對於原價）買較多的東西，往往會購買比原計畫或實際需求更多的商品；而身為經營者，雖然讓了一小部分利給消費者，但銷售量增加許多，合起來總利潤便增大了。這便是買賣皆大歡喜。

有人說：「做生意應該使買者得意，賣者歡喜。」一個銷售員要不時反省自己的銷售基點，即做生意不只是為賺錢（實現經濟效益），應以服務消費者（實現社會效益）為根本；做生意又不只是為使客戶歡喜，應以賺錢為目的。總之，社會效益和經濟效益一定要有系統的做結合。

所以，銷售員首先要確認自己的商品有沒有服務性，即能否適應消費者的需求，確定了商品的社會價值之後，再滿懷信心的走上戰場，實現它的社會價值和經濟價值。

懂得不斷提升自己

每個公司的職員都希望自己被提升。「不想當元帥的士兵不是好士兵。」每一位被提升的職員，要意識到自己的職位變了，他的責任也不同於以前了，要努力適應職位的變更，尤其是從職員提升到主管的銷售員。

雖然，人才各有不同，有帥才、將才、智才之分，但事在人為，並不是一下子能斷定你的才氣所在，尤其是在由將升為帥時，自己的才能並不能馬上被發現，需要有一個適應階段。

秉憲是一間公司的銷售員，沒有人否認他是一名優秀出色的銷售員。他工作踏實勤奮，每天早上班、晚下班，晚上也經常加班，總之很少有人能比得上他那樣的充沛精力。不用說，秉憲的業績是全公司第一名，他的幹勁也是全公司聞名的。

不久，秉憲便得到了提升，而且是跳級提升。公司的銷售工作歸銷售部負責，銷售部又下設銷售科，銷售部長不直接領導銷售員，只抓一些銷售方針、政策等大方面的工作；銷售科長是基層主管，直接領導銷售員，負責具體的銷售工作。

再說，秉憲榮升為銷售部部長，負責全公司的銷售工作，可以說是秉憲的福氣，然而「禍福相倚」，表面上，提升是喜事，實際上卻暗藏著禍機。

果然，日子一天一天過去，秉憲的高興漸漸變成了莫大的苦惱。因為部下各行其是，不聽指揮。秉憲原本豪情萬丈，想在銷售部裡進行一次大改革，一掃前任部長留下的弊端。

然而，秉憲的工作方法極其不得要領。他還像以前當銷售員時那樣，早上班、晚下班，而且比以前來得更早，走得更晚。什麼事都以身作則，不能放權於部下，給人一種不信任感，好像他處處是典範，大家都得以他為榜樣，向他學習。尤其是下屬科長，失去了許多主動權，對秉憲有諸多意見。

事態發展到後來非常嚴重，部下紛紛提出辭職。秉憲所做的努力都適得其反。

秉憲確實是一位十分優秀的銷售員，卻不是一位優秀的管理者。

優秀的銷售員只要懂得自己如何銷售成功就夠了。但身為管理人員，最重要的是懂得如何讓銷售員成功銷售。每一位銷售員都應該努力成為出色的銷售員，而出色的銷售員都有被提拔的可能性。當一個出色的銷售員被提拔後，要認清自己的職責已經不是自己如何去銷售，而是如何讓部下銷售成功。

身為管理者，不必非常會銷售，卻必須使部下充分發揮潛力，個個都會銷售。

銷售工作就是人生

俗話說：「工作快樂，人生便是天堂；工作痛苦，人生便是地獄。」

許多人也許有過這樣的經驗：當上班時與別人發生爭執，或是工作上遭受意外的挫折，或是受到上司的責備批評，便會覺得工作沒有趣味了。而上班時感到工作沒有趣味，下班後回到家並不一定能得到解脫。因為休息實際上也只是工作的延長。而若工作愉快，下班了、放假了，心裡便會想著工作的快樂，而且是回味無窮。

可是如果工作不順的話，一看到自己成績低落，有人便會覺得「沒意思，不做了」。也有人會覺得「不可能！我有能力做出成績！我一定要做出成績，證明我不比別人差！」如果能不甘心、不服氣，則還有救。因為他會想辦法克服困難，努力趕上或超過別的競爭者。這樣，他一定會反躬自省，去發現自己的缺點並加以改正。

相反，一般銷售員在工作不順而感到疲倦時，總認為責任不全在自己。他感到自己整天四處奔波，費盡口舌，絞盡腦汁，工作十分辛苦，業績之所以不好，一定有其他原因，例如：公司的銷售策略不對、商品品質差、市場蕭條不景氣、主管的失誤等等一大堆理由，好像都是別人的錯，而自己一點錯也沒有。這種想法是那些把工作當做一種強迫的人的通病。

工作不能和休息分離，它是決定人生喜憂的基本因素。可以說，工作便是人生。

人生是很奇妙的，當你感到工作有意義、有價值時，工作時便會感到愉快。而工作時心情舒暢，就會把這種快樂情緒感染給客戶，這樣，銷售成績自然會好起來。生意好，便能多賺錢，錢多了又可以去觀光旅遊，這便是一個良性循環。反之，你若覺得工作迫不得已、沒意思、沒有價值，那麼工作時一定很不愉快，這種低沉情緒同樣也會感染客戶。當然，銷售成績不理想，生意不好，錢就賺得少，不但沒錢去玩，更沒有閒情逸致去玩樂。

其實銷售員工作是很有趣的。它能充分發展一個人各方面的思想和能力，從而開拓自己的事業。有人認為，這種優勢是任何職業不能比的。

我們對銷售員的印象總是西裝革履。如果你變換服飾，只要不是太脫離常軌，便能在一定程度上引起客戶對你的興趣，加深對你的印象。

銷售員可以發揮創造力的地方有很多，關鍵在於你是否有此幹勁，並持之以恆。

第十二章 走上成功的銷售之路

銷售工作就是人生

官網

國家圖書館出版品預行編目資料

銷售戲精：面對滿口幹話的奧客，業務內心小劇場大爆發 / 徐書俊著 . -- 第一版 . -- 臺北市：崧燁文化, 2020.08

面；　公分

POD 版

ISBN 978-986-516-454-6(平裝)

1. 銷售 2. 銷售員 3. 職場成功法

496.5　　109012283

銷售戲精：面對滿口幹話的奧客，業務內心小劇場大爆發

臉書

作　　者：徐書俊　著

發 行 人：黃振庭

出 版 者：崧燁文化事業有限公司

發 行 者：崧燁文化事業有限公司

E-mail：sonbookservice@gmail.com

粉 絲 頁：https://www.facebook.com/sonbookss/

網　　址：https://sonbook.net/

地　　址：台北市中正區重慶南路一段六十一號八樓 815 室

Rm. 815, 8F., No.61, Sec. 1, Chongqing S. Rd., Zhongzheng Dist., Taipei City 100, Taiwan (R.O.C)

電　　話：(02)2370-3310　　**傳　　真**：(02) 2388-1990

總 經 銷：紅螞蟻圖書有限公司

地　　址：台北市內湖區舊宗路二段 121 巷 19 號

電　　話：02-2795-3656　　**傳　　真**：02-2795-4100

印　　刷：京峯彩色印刷有限公司（京峰數位）

定　　價：370 元

發行日期： 2020 年 8 月第一版

◎本書以 POD 印製